职业教育"校企双元、产教融合型"系列教材

头皮与头发
护理及保养

朱喜祥　郭　箐　主编

王曦川　谷　尧　游春霞　副主编

化学工业出版社

·北京·

内 容 简 介

《头皮与头发护理及保养》一书主要介绍了头皮与头发的健康知识、护理方法和保养技巧。基于行业发展需求，本书全面系统地阐述了头皮与头发护理及保养的典型工作具体操作流程。在传授知识、提升工作能力的同时，注重从业者以工匠精神为本的技能型人才职业道德的培育。

本书可作为中等职业教育美发与形象设计及相关专业的师生教学用书，还可供从事头皮与头发护理行业的人员以及对头皮与头发健康感兴趣的人士参考阅读。

图书在版编目（CIP）数据

头皮与头发护理及保养 / 朱喜祥，郭箐主编. — 北京：化学工业出版社，2023.11（2024.8重印）
ISBN 978-7-122-44156-0

Ⅰ. ①头… Ⅱ. ①朱… ②郭… Ⅲ. ①头皮－护理②头发－护理 Ⅳ. ①TS974.22

中国国家版本馆 CIP 数据核字（2023）第 173484 号

责任编辑：李彦玲　金　杰　　　　　　　　文字编辑：吴江玲
责任校对：李雨晴　　　　　　　　　　　　装帧设计：梧桐影

出版发行：化学工业出版社（北京市东城区青年湖南街 13 号　邮政编码 100011）
印　　刷：三河市航远印刷有限公司
装　　订：三河市宇新装订厂
787mm×1092mm　1/16　印张 9¾　字数 153 千字　2024 年 8 月北京第 1 版第 2 次印刷

购书咨询：010-64518888　　　　　　　　售后服务：010-64518899
网　　址：http://www.cip.com.cn
凡购买本书，如有缺损质量问题，本社销售中心负责调换。

定　　价：48.00 元

职业教育"校企双元、产教融合型"系列教材

编审委员会

前言

"人民健康是社会文明进步的基础，是民族昌盛和国家富强的重要标志"。随着生活水平的提高和生活节奏的加快，头皮与头发健康问题越来越受到人们关注。生活习惯不良、环境污染等原因导致许多人出现头皮与头发健康问题，如头皮屑、头油脱发、头发毛躁、头发干枯易断等。因此，人们迫切需要了解如何正确、健康地护理和保养头皮与头发，以提高其健康程度和美观度。头皮与头发的健康养护不仅能够让头发更加美丽，还能够对身体健康产生积极的影响。本书的编写旨在为读者提供全面、实用的头皮与头发护理及保养知识，帮助其解决头皮与头发问题，有助于提升整体国民健康形象和人民生活质量，能更好地贯彻党的二十大报告提出的"推进健康中国建设"要求。

全书共分为五个模块。知识性内容（模块一、模块二和模块三中的知识点）根据中等职业学校学习者的认知特点，以养发行业的历史及养发师的职业素养作为了解知识体系的起点，旨在通过养发馆的内部构造、卫生及安全要求等内容的学习，夯实学习者的理论基础。实践性内容（模块三的任务一和任务二、模块四、模块五）以实际业务为锚点，采用案例导入与任务驱动等方式，以专业教学标准与企业岗位操作规范作为顶层设计，将头皮与头发护理及保养的知识点分解并归纳，设计出相应的任务实例。在以企业日常工作中的实例作为主体内容，理论性知识作为辅助，指导教师作为引导者的学习过程中，使学习者掌握头皮与头发护理与保养的实操能力。通过"做中教，做中学，做中求进步"的职业教育理念培育学习者吃苦耐劳的职业精神。

本书由重庆市渝中职业教育中心朱喜祥和重庆市丝美域企业管理咨询有限公司郭箐共同主编，重庆市工艺美术学校王曦川、重庆市渝中职业教育中心谷尧、重庆市丝美域咨询有限公司游春霞担任副主编。丝域养发总部人才发展中心袁文勇、骆天娇，重庆市渝中职业教育中心付瑾、李秀娟，重庆市工艺美术学校王玲、向坤，贵阳市女子职业学校黄婷婷、徐灏等共同参与编写。教材编写过程中，得到了重庆市美容业协会、重庆城市管理职业学院人物形象设计专业教研室、重庆昭信教育研究院、重庆市何先泽大师工作室、重庆三峡医药高等专科学校张薇教授等一线技术专家，各编者单位领导的大力支持，提升了本书的品质，在此一并致谢！本书是校企合作、产教融合的实践成果，充分体现了职业教育产教融合的特点。限于时间、水平，书中难免存在不足，恳请读者不吝赐教。

编者

2023年5月

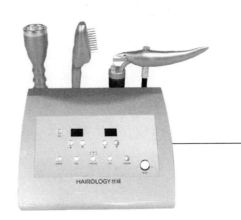

目录

模块一　养发师的职业认知

　　传统美业包含美容、美发、彩妆等行业。改革开放初期，人们对"美"的理解大多是服装新颖奔放、妆容精致突出、发型大胆前卫，代表着追求新时代的美好向往。随着时代的进步，人们的审美不断改变。追求高品质生活的现代女性，她们独立、自主、对生活极度热爱，敢于突破与蜕变，在外形上也越来越追求自信美，回归素颜、清新的本质。

　　在美容保养和美发造型的概念逐渐走进日常生活当中时，人们头皮和头发的本质发生了改变，从而有着高品质追求的人们也开始关注到头皮和头发的保养问题，就衍生出了养发行业。由此看来，对养发师这一职业树立正确的认知很有必要。

素养目标

1. 具有良好的职业道德，能自觉遵守行业法规、规范和企业规章制度。
2. 具有良好的团队合作精神和顾客服务意识。
3. 具有良好的人际沟通能力，与顾客进行专业交流。

知识目标

1. 掌握养发生理层面的定义。
2. 了解养发与美发的区别和联系。
3. 了解养发意识的由来与发展。
4. 熟悉现代养护发技术。
5. 掌握养发师的职业素养和岗位职责要求。
6. 掌握养发行业各岗位的服务流程和规范服务用语。

能力目标

1. 能够准确向顾客讲解养发工作内涵。
2. 能够礼貌、得体地接待顾客。

知识点一 养发概况

一、养发的含义

头发在人们的外貌中扮演着重要角色。它不仅具有保护头皮的作用，还能增添个人魅力和自信，提升形象气质。因此，每个人都需要定期对头发进行养护，尤其是那些经过吹、拉、染、烫等化学处理而变得枯黄、干燥、分叉的头发，或者有头皮油脂分泌过多、头皮屑、脱发、白发早生等问题的人士。

养发是通过一系列的护理手段，帮助头发和头皮获得营养，促进健康。养发的目的在于改善头发、头皮的质地和状态，让头发更加浓密、柔顺、有光泽。养发的方法包括选择合适的洗发水、护发素、头皮按摩、食疗等。

需要注意的是，在日常工作、生活中，人们经常把养发与美发混淆。养发和美发是两个不同的概念，但它们之间存在着联系。美发是通过定制发型、染发、造型等方式，打造适合自己的发型和形象。美发的目的在于展现个人魅力和气质，让头发更具时尚感和美感。美发的方法包括剪发、烫发、染发、造型等。

总之，养发是美发的前提和基础。只有头发本身健康、有弹性，才能更好地进行各种发型塑造。因此，在进行美发的同时，也应该注重头发的养护。

二、养发意识的由来与发展

《诗经·采绿》记载："予发曲局，薄言归沐。"《后汉书·乌桓鲜卑列传第八十》记载："以髡头为轻便。妇人至嫁时乃养发，分为髻"。《北史·后妃传上·魏文帝文皇后乙弗氏》记载："密令养发，有追还之意。"从古至今，爱美之心人皆有之。古人注重对自己的头发进行护理。然而，古人缺少科技支撑，只能依靠最为原始的方式进行护理。

身体发肤受之父母，古人一般不会对自己的头发进行削减。随着社会生产力的发展，头发的削减、梳理、养护逐渐细分。

改革开放以后，美容美发成为爱美人士时尚生活的一种方式，大街上出现了许多理发店和美容院。随着时代进步，这些门店也有了很大发展。

二十世纪八十年代的理发店多以港台明星新潮发型作为模板，头发烫造型、染颜色、发胶盘发方式纷纷推陈出新。那时，人们对头发发质的关注度较低。经常性的烫染之后，化学烫染发剂对头皮、头发造成伤害。长期的盘发和不健康的洗头频次，也让头皮出现瘙痒、发炎，头发出现断发等。当时针对这些不良情况，一些理发店为消费者提供"头部水疗""头发倒膜"等服务项目，其目的是修护和改善受损的头皮、头发。

二十一世纪以来，快节奏的生活，不注重饮食和休息，导致少年白发、早秃、发质偏黄成为常见的生理难题，以至于很多年轻人高喊"保温杯里泡枸杞"，开始了养生生活。人们也开始关注一些对发质健康有利的食物，以及调整自己的作息时间来进行头发的保养，这也就是养发的内调行为。

三、传统洗护发原料

1. 皂荚

皂荚也就是皂角，是最常见的一种洗发植物，如图1-1所示。皂荚中含有多种皂苷类物质，水溶液振摇后能产生持久性的肥皂样泡沫。值得一提的是，皂荚分布有限，这倒是个不小的硬伤。而其他许多豆科、无患子科植物的果实中都含有皂苷类成分，也可以起到类似的洗发作用。

2. 草木灰

草木灰是指稻草、秸秆烧成的灰，如图1-2所示。一方面，草木灰中含有碳酸钾——溶于水后呈碱性，能清除油脂；另一方面，草木灰中的活性炭成分，也有去污的功效。在古代，草木灰溶液更多被作为辅材，配合皂荚、木槿叶等一起使用。

3. 土碱

土碱其实是用土法制得的纯碱（碳酸钠），如图1-3所示，因为溶于水后呈碱性，所以可以起到去除油脂的作用，功能和草木灰有重合之处。

植物资源相对匮乏的地区，往往都是因为土壤含碱度过高，这样一来反倒物尽其用，将制得的碱类用以替代动植物材料作为洗发用品。

图1-1　皂荚

图1-2　草木灰

图1-3　土碱

4. 木槿叶

作为锦葵科植物，木槿含有丰富的黏液质和皂苷。洗发原理上和皂荚近似。但皂荚为人不喜的一点是其气味刺鼻，而木槿叶（图1-4）却舒爽清香，相比之下更容易被接受。

图1-4　木槿叶

5. 淘米水

淘米水也是从古至今沿用的一种洗头原料。包括但不仅限于大米，麸皮、糟糠、豆类之类似乎都是可用之材，也可发酵、煮沸后再行使用。《史记》里就有秦汉时期贵族士大夫洗漱的相关描述。

知识拓展

我国广西桂林龙胜县和平乡的黄洛瑶寨，因居住此处的大多数红瑶族女性的头发平均长度为1.4米，最长的达到了2.1米，故被誉为我国的长发第一村（图1-5）。

图1-5　梳理头发的红瑶族女性

长发村传承千年的护发秘方即当地淘米水，通过火塘烘烤加热使其发酵，再加入当地中草药，经充分融合发酵后用来洗头。这里的人祖祖辈辈都用自己家制作的淘米水来洗头发，即使八九十岁的老人也拥有一头乌黑油亮的长发。

淘米水是一种洗过米后的水。这种水呈弱酸性，pH值在5.5～6。因为含有大米表皮的营养，淘米水中含有非常丰富的B族维生素，而B族维生素能够帮助头发的色素细胞生成黑色色素，经常使用可以达到预防头发变白以及改善白发的目的，所以能产生头发变黑、加固发根、柔顺头发的效果。

6. 山茶籽

山茶籽（图1-6）可以榨油，可以食用、护肤、护理头发。榨油后剩下的渣（俗称茶麸），含有茶皂素、蛋白质、氨基酸、天然茶油等，也是一种植物发泡剂，具有洗发、护发、乌发及去头皮屑、防脱发的作用。山茶籽自古就被用来洗头，是大自然最佳的清洁剂之一。

7. 芝麻叶

关于芝麻叶（图1-7）养发功能的记载并不多。所能找到的是来自明朝郭晟的《家塾事亲》。

脂麻即芝麻，依据中医典籍记载，芝麻可以使头发乌黑润泽，含有芝麻叶洗头的原料，对头发有保养功效。

8. 桑白皮

桑白皮是桑树的干燥根皮，如图1-8所示。和芝麻叶类似，多见于中医药文献记载，保养性高于清洁性。对防治脱发、头皮屑有一定功效，可煎成汤水后搭配着清洗使用。

图1-6　山茶籽　　　　　图1-7　芝麻叶　　　　　图1-8　桑白皮

9. 桃枝

源自湖南地区的《攸县志》记录："七月七日，妇女采柏叶、桃枝，煎汤沐发"。桃枝作为洗发材料，可杀菌，清洁头皮、头发污垢。

10. 侧柏叶

《孙真人食忌》记载："头发不生：侧柏叶阴干，作末。和麻油涂之。"用侧柏叶（图1-9）洗头能治疗脱发，控油。

11. 川芎

川芎（图1-10）具有祛风、活血、润肤、止痒之功效，有利于头发营养改善。现代药理证明，川芎能扩张头部毛细血管，促进血液循环，增加头发营养，并使头发有良好的柔韧性和不易变脆的功能，且能延缓白发生长，保持头发润滑光泽。

12. 羌活

羌活（图1-11）可以散表寒，祛风湿。我国古代医学引养血药入太阳经治疗脱发，具有改善血液微循环的作用，外用治斑秃。

图1-9 侧柏叶

图1-10 川芎

图1-11 羌活

13. 何首乌

何首乌（图1-12）具有养发乌发、活血、通络、解毒、调节神经、营养发根的作用，促进头发黑色素的生成，使头发更黑。同时具有很好的润发作用，是洗护头发最佳的中药原料。研究发现，每10克何首乌含锌4.2毫克，而锌正是头发所需的重要元素，一旦缺锌，头发就会少而黄脆。

图1-12 何首乌

14. 山姜

民间用山姜（图1-13）洗发已逾千年，只因它可以激活毛囊生发，促进血液循环。野山姜性温，可杀菌。外用于头皮的时候，能够使头皮充血，促进血液循环，促进发根的营养吸收，从而减少脱发和头皮屑，减少头皮分泌的多余油脂，让头皮恢复清爽状态。

15. 无患子

明代医学家李时珍在《本草纲目》中有记载，用无患子（图1-14）洗发可去头风明目，也就是说用无患子洗头具有去除头皮屑的功效。第一，无患子中所含的活性成分皂苷是具有良好清洁能力的天然原料，用水揉搓便会产生丰富且细腻的泡沫。皂苷能深度清洁头皮，有效抑制头皮细菌，有着非常好的去屑作用。第二，无患子中含有果酸，它能帮助头皮去除堆积在外层的老化角质，加速头皮更新，预防头皮老化。第三，无患子中含有活性成分阿魏酸，它可以减缓头皮表皮细胞的退化速度，延迟头皮角质细胞的脱落。

16. 黑桑果

黑桑果（图1-15）果实中含有丰富的活性蛋白、维生素、氨基酸、胡萝卜素、矿物质等人体所必需的营养成分。它不仅能够增加头皮的血液供应，促进造血细胞的生长，提供毛囊所需要的营养成分，还含有丰富的花青素、白藜芦醇、多糖花青素等酚类活性物质，具有非常强的抗氧化功效，可延缓头皮的衰老，预防脱发。

图1-13　山姜

图1-14　无患子

图1-15　黑桑果

知识拓展

中医内调养发观点

中医认为："肝藏血，发为血之余，血亏则发枯。肾为先天之本，精血之源，其华在发。"因此，针对头皮、头发养护的问题，中医会从气血虚、肾虚的角度去建议保养。头发的生长有赖于血气，血液把营养输送到毛发，因此血气旺盛则毛发也旺盛。同时，气血同源，气血之间能相互转化、相互作用。因此如果血气亏虚会让毛发失以濡养，导致毛发枯萎、稀少和脱落。

四、现代养护发技术

现代养发理论的诞生可以追溯到20世纪50年代初期，随着生命科学研究体系的完善，当时的科学家和医生开始研究头发的生长和保养，并形成了一套完整的理论。他们从头皮、毛囊、毛发结构以及毛发生长和护理的各个方面研究入手，提出了新的护发理论。该理论重点强调了通过改善头皮环境来促进头发的生长。具体而言，要改善头皮环境，首先需要给头皮提供足够的水分，其次要保护头皮免受外界污染物的侵害，最后要通过使用合适的护发产品来保持头皮湿润、清洁、健康。这个理论得到了广泛的认可，是现代养发理论的基础。

现代养护发技术包括头皮护理、护发产品、护发疗法、护发护理仪器和护发手段等。

头皮护理：头皮护理是指通过头皮深层护理，使头皮脱脂洁净，改善头皮状况，使头发健康和提高头皮抵抗力，有助于促进头发生长。

护发产品：护发产品主要是指护发膏、护发洗发水、护发润发乳等，它们能够滋养头发，保护头发，加强头发的结构，防止头发断裂，促进头发生长。

护发疗法：护发疗法是指使用特殊的护发产品（如护发精油等），进行头发的治疗，改善头发的状况。

护发护理仪器：护发护理仪器主要是指护发干燥机、护发梳子、护发弹性棒等，它们能够有效地护理头发，保持头发的健康。

护发手段：护发手段是指通过护发产品的选择和使用，以及采用护发护理仪器，为头发提供全面护理，促进头发生长。

知识点考评

评价项	自评	互评	师评	努力方向、改进措施
能够清楚表达养发的含义	是□ 否□	是□ 否□	是□ 否□	
能够清楚表达养发与美发的区别、联系	是□ 否□	是□ 否□	是□ 否□	
能够清晰流利地解释清楚养发意识的由来与发展	是□ 否□	是□ 否□	是□ 否□	
能够清楚表达现代养护发技术	是□ 否□	是□ 否□	是□ 否□	
职业素养（可多选）	态度认真严谨□ 沟通交流有效□ 善于观察总结□	态度认真严谨□ 沟通交流有效□ 善于观察总结□	态度认真严谨□ 沟通交流有效□ 善于观察总结□	
学生签字		组长签字		教师签字

知识巩固与练习

一、选择题

1. 淘米水是一种洗过米后的水。这种水呈弱酸性，pH值为（　）。

    A. 5.5～6 　　　　 B. 7.5～8 　　　　 C. 6.5～8.5 　　　　 D. 4.5～8.5

2. 现代人少年白、早秃、发质偏黄等情况大多是因为（　）。

    A. 气血虚、肾虚 　　 B. 先天遗传 　　 C. 清洁力度不够 　 D. 缺乏维生素

3. 草木灰可用于洗发是因为其蕴含丰富的（　）。

    A. 碳酸钠 　　　　 B. 卵磷脂 　　　　 C. 碳酸钾 　　　　 D. 氰化钾

二、判断题

1. 养发是为了保护头皮，增强美感。（　）

2. 二十世纪八十年代的理发店以头发烫造型、染颜色、发胶盘发等的改变为主。（　）

3. 每10克何首乌含锌3.2毫克。（　）

4. 皂荚中含有多种皂苷类物质，水溶液振摇后能产生持久性的肥皂样泡沫。（　）

5. 木槿叶可以用于洗头，但气味刺鼻。（　）

知识点二　养发师的工作要求

养发过程结合了美容的护肤理念、养发医学常识以及中医养生按摩的原理。所以作为一名专业的养发师，必须遵循最基本的职业素养要求，了解养发行业养发师的岗位职责和职位分级，以及各职级的晋升要求，掌握专业的养发师接待顾客的流程，学以致用，在未来的行业工作中快速提升自己的能力。

一、养发师的职业素养

养发师的职业素养包括外在素质和内在素质，作为一名养发师，需要有外在素质的修饰和内在素质的培养。

1. 外在素质

外在素质即养发师的外在仪表，包括养发师的容貌、形体、风度、言谈举止等方面。外在素质不是指每一个从事养发工作的都必须是俊男靓女，它包括了三个主要的"美"。

自然素质美：自然素质是养发师本人与生俱来的容貌和形体的特征，属于遗传性的素质。对于养发师而言，基本自然素质的严格掌握是必要的，如五官端正、体形适中等。

仪表美：仪表是一个人最先呈现在他人面前的外在形象，指人的衣着、造型、举止、风度、气质及表情。养发师的职业是对美、健康的创造和维护，其仪表应和高尚的职业形象相呼应，要求妆容得体、服装整洁、举止礼貌、表情亲切、自我尊重。

语言美：语言的魅力是无限的。养发师的语言美，包括准确、简洁、感情丰富、幽默、文雅。

具体规范如下。

① 养发师说话时应面带微笑，音量要适中，声音要柔和悦耳，语言流利、文雅优美，使顾客感到亲切，忌大声喧哗。

② 多用礼貌用语，如"请""谢谢""对不起""您好""请慢走"，处处显示出对别人的尊重、容忍、谅解。

③ 与顾客交谈要抓住顾客心理，选择顾客关心、感兴趣的话题，使顾

客感到愉快，在与顾客接触中，要关心顾客，善待顾客。

④ 与顾客接触，不论遇到什么事都要心态平静，不与顾客争辩，要显示出较高的职业修养。

⑤ 不背后议论他人，以及评价议论顾客隐私、同事手艺、公司问题。

2. 内在素质

养发师的内在素质包括工作素养、专业素质、技术素质等。

（1）工作素养

工作素养主要表现在高度负责的服务行为以及认真踏实的工作态度上，敬业合群以及精益求精的精神，不骄傲，亲切地待人处世，谦恭有礼，这些都是从内到外散发出来的无形吸引力。而且养发是一种手法护理技术和专业知识理论高度结合的事业，工作素养是慢慢让顾客体会出 来的，一旦被肯定之后，顾客会主动投以信心。

（2）专业素质

养发师是头发、头皮的"健康医生"，"有情感和温度服务的提供者"；需要掌握养发、门店相关知识，具备扎实的专业基本功。具体素质要求如下。

① 掌握头皮、头发养护基础理论知识。

② 掌握专业的养发产品知识及使用技巧。

③ 掌握必要的养生常识，了解基础生理学、营养学、皮肤病理学等方面的知识。

④ 拥有较好的心理素质，包括情绪的控制力、心态调整等。

⑤ 具有较强的销售能力，一定的社会知识和常识、文化知识、语言表达能力等。

⑥ 掌握服务场所的消毒卫生常识。

⑦ 了解养发行业、养发技术、养发品、养发仪器发展方向和最新动态。

⑧ 了解养发馆的经营管理和各项规章制度。

（3）技术素质

养发技术日新月异，与时俱进学习和了解最前沿的养发护发技术是养发师必备的素养之一。技术素质的具体要求如下。

① 熟练掌握头皮、头发护理手法，不断要求进步，学习精益求精的按摩技巧、护理手法。

② 了解养发仪器的使用方法，会正确规范操作养发工具、仪器、设备。

③ 掌握各种养发仪器保养及有关的用电常识。

④ 对养发馆的常规经营项目都能熟练掌握，会根据头皮问题搭配操作。

⑤ 将自己所学的技能发挥得淋漓尽致，不断练习摸索，从而积累自己的实践经验。

二、养发师的岗位职责

岗位职责是指一个岗位所需要去完成的工作内容以及应当承担的责任范围。职责是职务与责任的统一，由授权范围和相应的责任两部分组成。养发馆人员分工及岗位职责如表1-1所示。

表1-1　养发馆人员分工及岗位职责

岗位	岗位职责
门店店长	① 负责养发馆的管理工作，按照公司的经营目标，制订工作计划，分工明确，协助店员达成目标以及提升店员的业务能力 ② 负责员工的工作安排、行为管理和考核，做好上传下达，业绩汇总呈报给上级 ③ 对员工进行养发专业内容的培训和手法标准及舒适考核，培育店员的敬业精神，合理使用人才 ④ 定期了解客源拓展情况、市场竞争动态和顾客反馈信息，并及时做出应对 ⑤ 制订有效的宣传推广方案和做好联营工作 ⑥ 负责员工及养发馆店内的安全监督工作 ⑦ 督促养发馆店内的店容店貌、环境卫生和员工的仪表卫生检查，合理布置院内设施摆放，尽可能方便顾客
养发师	① 热情礼貌地接待顾客，详细介绍养发馆的服务项目和特色，解答顾客疑问，掌握好谈判技巧和销售技巧 ② 给顾客做好头皮、头发问题分析，帮助顾客选择正确的护理项目及产品 ③ 协助店长做好顾客的客情和本店的经营管理工作 ④ 负责对门店使用的物品、设备仪器的管理和保养工作 ⑤ 负责环境卫生、来客前的接待准备工作 ⑥ 树立专业养发师榜样形象，以身作则 ⑦ 接受顾客的投诉建议，并及时向上司汇报和妥善处理 ⑧ 每日做好顾客接待的工作记录和服务总结
前台接待	① 必须热情礼貌地接待顾客 ② 接听咨询电话、预约电话及投诉电话，并做好记录 ③ 核对账目明确无误、清晰 ④ 负责顾客追踪服务、顾客档案存放 ⑤ 保管员工档案，传达总公司每次通告 ⑥ 负责产品的陈列、前台的美观工作，保证门店的清洁干净

岗位	岗位职责
养发师助理	① 热情接待顾客，以"顾客就是上帝"为宗旨，耐心回答顾客的每一个问题，与顾客建立良好关系 ② 按养发馆的工作流程为顾客服务 ③ 保证用具的干净与消毒，爱护公共财物 ④ 不擅离职守，发生问题及时汇报 ⑤ 积极主动与顾客联络，进行跟踪服务 ⑥ 操作时佩戴口罩、双手消毒，清洁、消毒顾客用过的物品 ⑦ 提高个人专业理论知识及手法技术操作水平 ⑧ 负责店内卫生及店周围卫生整理工作 ⑨ 购买必需品，实报实销，不得弄虚作假 ⑩ 注意养发馆的水电安全问题 ⑪ 做好养发馆的开、关门工作，防火防盗

三、养发馆的接待流程

表1-2为养发馆的具体接待流程。

表1-2 养发馆的接待流程

服务阶段	工作任务	具体工作内容
迎宾咨询阶段	预约	接收信息：不同渠道的顾客预约方式不一样，有自然走进店的，有打电话咨询、网络预约的等 评估状态：评估顾客希望预约的时间是否可以接待 预订复述：重复一遍顾客预约的时间、项目等信息 道别致谢：预约好后礼貌道别 复核信息：核查给顾客预约的信息是否正确
	迎宾接待	"迎"：迎接顾客、引导就座、招待茶水 "介"：在护理前做自我介绍，让顾客更容易记住服务人员姓名；做店长的介绍引荐 "聊"：通过聊天接待，询问顾客对头皮、头发的保养需求
	检测	手眼检测：通过学习的头皮、头发生理学知识，利用手眼初步判断问题形成原因 仪器检测：利用养发仪器，结合专业知识，分析问题形成原因 诊断结果：诊断出头皮、头发问题，以及不处置未来会形成的发展趋势 护理建议：根据诊断结果，给出相应解决问题的办法 介绍项目：介绍对症的护理项目流程
护理体验阶段	护理体验	根据顾客需求，按项目流程和时间进行操作
	促成成交	根据头皮、头发问题推荐适合的产品、服务项目，邀约下次护理时间

头皮与头发护理及保养

服务阶段	工作任务	具体工作内容
收银送宾阶段	收银	① 面带微笑帮顾客收银 ② 邀请顾客添加门店微信，以便后续服务跟进 ③ 邀请顾客对本次服务评价 ④ 取出存放在门店的随身物品
	送宾	① 养发师应使用标准送宾语主动欢送，起身开门 ② 养发操作工具还原

四、养发接待服务要求

1. 养发馆服务细节要求（表1-3）

表1-3　养发馆服务细节要求

八做到	① 顾客进店、离店，所有店员都需要主动目光对视，点头微笑打招呼（暂无顾客接待时，需起身）
	② 一对一服务：全程用心服务每一位顾客，中途不能走开做与工作不相关的事情，因特殊情况换人服务，需提前说明并告知顾客
	③ 服务过程中细节发生变化时，请提前告知顾客，如放毛巾、理疗区放下座椅等
	④ 相关工具使用完毕后，应及时关闭电源，将配件摆放整齐，待顾客离开后，方可仔细整理，恢复到使用前的状态
	⑤ 严格按照护理标准时间操作
	⑥ 店铺内保持微笑及礼貌待人
	⑦ 全程物品轻拿轻放
	⑧ 无顾客时，要主动学习
四不准	① 不在店铺服务区内做跟工作不相关的事情，如剪指甲、玩手机、接电话（无顾客接待时，可去员工休息区或者店外进行）
	② 服务顾客的过程中，店员之间不准聊天
	③ 不准与顾客发生争执
	④ 服务过程中不准有异味，如烟味等

2. 养发馆接待服务规范用语（表1-4）

表1-4　养发馆接待服务规范用语

服务阶段	工作任务	规范用语建议
迎宾咨询阶段	迎宾接待	"您好，欢迎光临！"
	沟通交流，确定洗发方案	"请问您今天需要什么服务？"
护理体验阶段	健康洗头	"您好！这是我们门店根据人体结构定制的专业洗头床，您请坐。" "我帮您先披毛巾，之后您躺下给您洗头。" "毛巾准备好了，您可以躺下了，请小心。我现在把您的头发理顺，洗头前一定要将头发梳顺，以免在洗头的过程中打结。如果不梳顺的话，很容易在洗头过程中伤害发质。其实在家里洗头也要先将头发梳顺。" "毛巾已铺好，您可以躺下了，请小心，我们所有毛巾都是一客一用，做了消毒，非常卫生。" "我们门店倡导健康的养发理念，全程用指腹洗头。同时我们会针对不同发质和头皮状况选择不同的洗发水，洗发水停留时间最好是5～10分钟，所以健康洗头的时间是20分钟左右。" "我现在帮您打湿头发，请问水温可以吗？" "我现在帮您冲水，请问水温可以吗？" "头洗好了，您可以起来了！这边请。"
	上精华液	"现在为您上××营养精华，它能够……（功能介绍）。如果您有不适感，请及时告诉我。"
	仪器护理	"现在为您进行××仪器护理，它能够……（功能介绍）。如果您有不适感，请及时告诉我。"
	头部按摩	"现在我为您进行头部按摩，请问力度可以吗？"
	头部刮痧	"现在我为您进行刮痧，请问力度可以吗？刮痧具有镇静、安神之功效，能活血化瘀、舒筋通络。"
	肩颈按摩	"现在我为您进行肩颈按摩，请问力度可以吗？"
	吹发造型	"您请坐！现在让我帮您吹干头发。给您棉签，您用完放前面垃圾桶就好（手势指引）。"
收银送宾阶段	收银	"您好！您一共消费了××元，您是刷卡还是付现金？（这里是扫码支付）"
	送宾	"欢迎下次再来！"

知识点考评

评价项	自评	互评	师评	努力方向、改进措施
接待过程中妆容得体、服装整洁、举止礼貌、表情亲切	是□　否□	是□　否□	是□　否□	
接待流程准确	是□　否□	是□　否□	是□　否□	
接待过程中能使用规范服务用语	是□　否□	是□　否□	是□　否□	
职业素养（可多选）	态度认真严谨□ 沟通交流有效□ 善于观察总结□	态度认真严谨□ 沟通交流有效□ 善于观察总结□	态度认真严谨□ 沟通交流有效□ 善于观察总结□	
学生签字		组长签字		教师签字

一、选择题

1. 养发师的外在素质包括（　　）。

    A. 自然素质美、仪表美、语言美

    B. 专业素质、仪表美、语言美

    C. 技术素质、仪表美、语言美

    D. 综合素质、技术美、语言美

模块一·
习题答案

2. 养发馆服务细节的八做到不包括（　　）。

    A. 一对一服务　　　　　　　　B. 全程物品轻拿轻放

    C. 不准与顾客发生争执　　　　D. 全程服务做到专业

3. 养发馆接待顾客预约阶段不包括（　　）。

    A. 评估状态　　　B. 检查诊断　　　C. 复核信息　　　D. 预订复述

4. 定期了解客源拓展情况、市场竞争动态和顾客反馈信息，及时做出应对是哪个岗位的职责？（　　）

    A. 门店店长　　　B. 养发师　　　C. 前台接待　　　D. 数据BP

5. 养发师的内在素质表现在哪些方面？（　　）

    A. 工作素养　　　B. 专业素质　　　C. 仪容方面　　　D. 技术素质

二、判断题

1. 养发师基本的职业素养要求包括外在素质、内在素质、专业素质和技术素质。（　　）

2. 养发师不需要具有较强的销售能力，一定的社会知识和常识、文化知识、语言表达能力。（　　）

3. 顾客进店、离店，店员暂无顾客接待时，需起身点头微笑打招呼。（　　）

4. 养发馆迎宾接待时要迎接、领位、询问。（　　）

5. 养发馆收银阶段需要邀请顾客为本次服务评价。（　　）

6. 养发师护理后需要邀约下次护理时间。（　　）

模块二 养发馆概述

如今，"养头皮，养头发"已经成为人们追求更高生活品质的一种新的生活方式和态度。养发需求增长，催生了很多专业的现代养发馆。养发馆通过现代仪器辅助和合理分区规划，使头皮护理和头发保养工序被专业化细分。本模块将对现代养发馆的基本构成要素做详细介绍。

素养目标

1. 具有良好的工作环境卫生意识。
2. 具有良好的职业形象意识。
3. 具有良好的劳动安全防护意识。

知识目标

1. 了解专业养发馆的内部构造及设置逻辑。
2. 了解养发师的个人形象及养发馆卫生要求。

能力目标

1. 能够清楚说明专业养发馆所需物料及其功用。
2. 能够正确处置养发馆常见安全隐患。

知识点一
养发馆的内部构造及设置逻辑

一、养发馆的含义

养发馆是专业从事头皮护理及头发保养，为人们提供养疗修复头发的场所。它主要通过对头皮、毛囊、头发进行科学系统的养疗，从而达到对头皮、头发的保养、预防和治疗目的。

目前市面上养发馆存在的形式有专业服务店、服务店中店、商场专柜店等，别称有养发馆、健发会所、头发SPA、养发中心等。

有别于美发店，美发店是提供发型设计、常规清洁、日常护理的场所，而养发馆则不会提供诸如剪发、染发、烫发之类的服务。

二、养发馆的内部构造

养发馆的内部构造包含设施物料、养发产品仪器物料、场地环境装饰等。常规养发馆设施物料涵盖收银台、产品展示柜等。养发产品仪器物料包括多效超导养疗仪、头发养发乳等。一般养发馆的环境偏简约、高端，给人舒适的感觉。

养发馆中的人员有店长、养发师（大型综合门店有前台接待和养发师助理）。根据消费者动线，消费者从进店开始的行为路径是有逻辑方向的。从门店大门被门头或海报等吸引，然后进店来到迎宾区咨询，养发师带领顾客到接待区了解需求，再进入检测区对头皮与头发进行检测，根据头皮发质情况和顾客需求在洗护区和理疗区完成相关养护工作，在收银区完成服务交易。另外，一般养护过程需要一定服务周期，一些顾客可能会在服务间隙需要休息。顾客可以在茶水区和接待区享用茶水和小食，以满足身体的补充需求。

下面具体介绍养发馆设施物料及养发产品仪器物料的内容。

1. 养发馆设施物料（表2-1）

表2-1　养发馆设施物料

名称	图示	用途
收银台		供顾客买单，可以摆放门店电脑、POS机（刷卡机）等
产品展示柜		陈列展示居家护理、店内使用的产品
存包柜	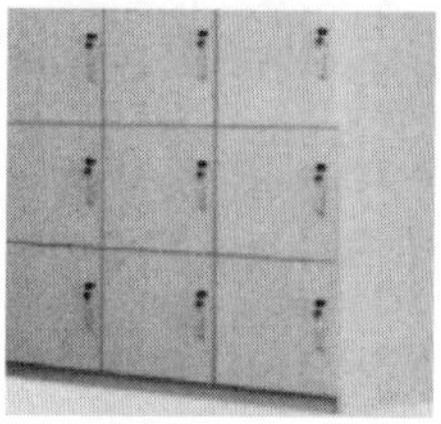	存放顾客随身物品
产品收纳柜	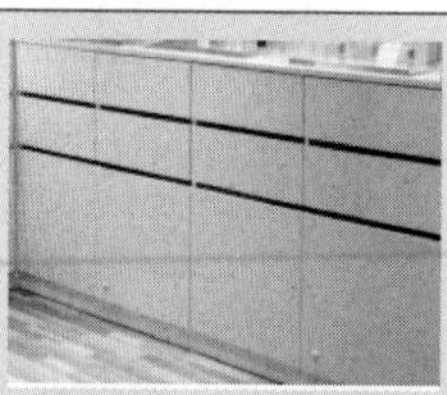	存放门店护理项目的货品
布草柜		摆放接待顾客所需要的毛巾，使用过的毛巾放下方的柜子中

名称	图示	用途
仪器桌		摆放操作仪器
小推车		可以随时推动，方便拿取护理产品和辅助工具
理疗椅		按摩、使用护理产品等服务过程中，顾客就座工具
洗头床		用于洗头、按摩的头部美容工具。它一般由洗头椅、洗头台、洗头池等组成
养发镜	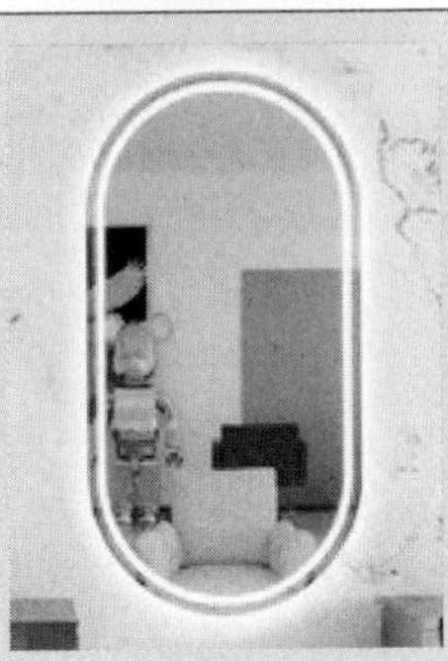	护理过程中，方便给顾客做造型

名称	图示	用途
检测台	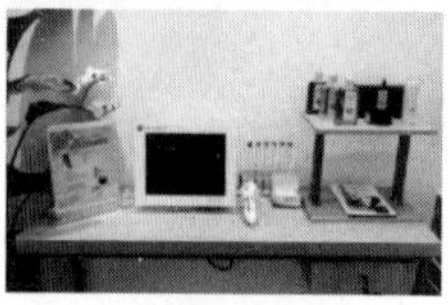	摆放检测仪器、洗护产品等
理疗师圆凳	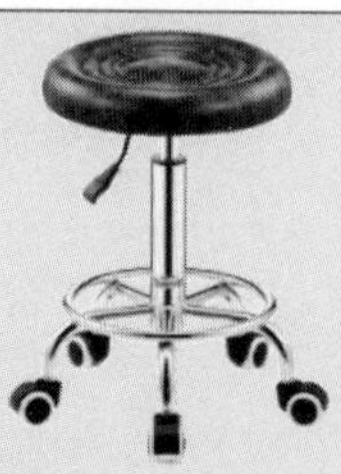	养发师就座工具
水吧台		摆放茶杯、水壶等用品
仪器收纳柜		存放养发仪器
促销台		摆放当季需要展示的产品
热水器		提供温度适宜的洗头用水
纱幔帘	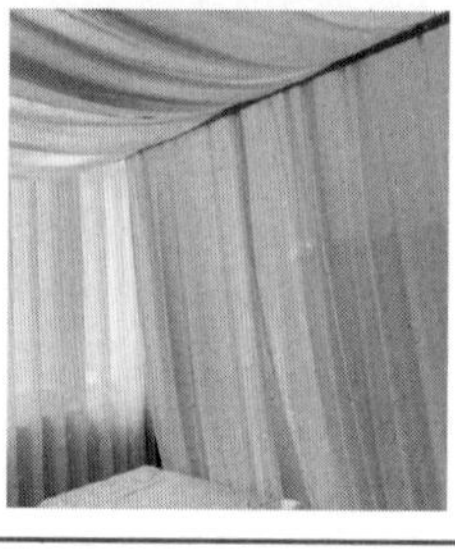	在不影响通风的前提下保护顾客隐私

2. 养发产品仪器物料（表2-2）

表2-2 养发产品仪器物料

名称	图示	用途
头皮头发检测仪		可以检测头皮、头发状况，辅助店长/养发师为顾客提供解决方案
多效超导养疗仪（包括琉光导入梳、水氧喷枪等多种工具）	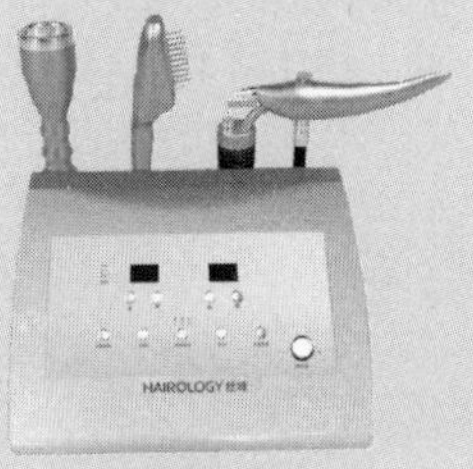	帮助涂抹头皮营养液，促进营养液吸收
养发热蒸仪	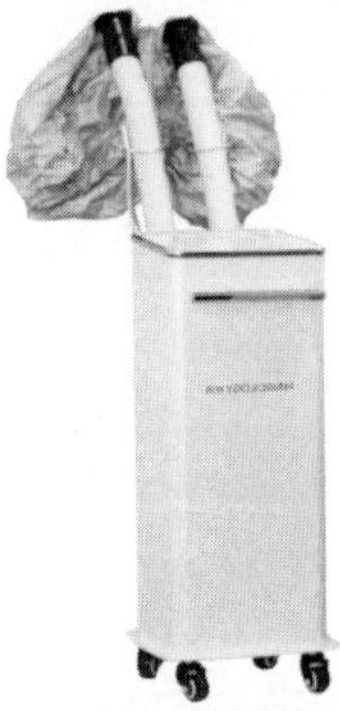	养发热蒸工具，能够促进养发乳吸收
紫外线消毒柜		为用过的梳子、刮痧板等用品消毒
生发健发仪		辅助医疗工具，促进养发产品吸收

名称	图示	用途
头皮无创高压导入仪	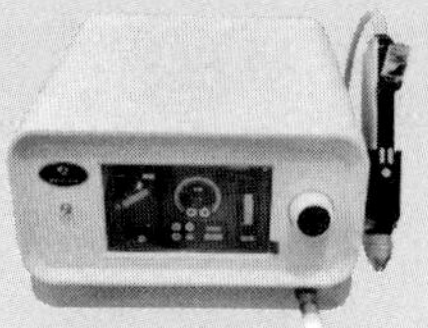	帮助头皮做抗衰补水保养
头发养发乳	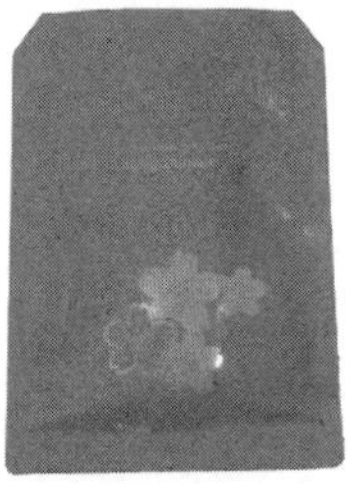	用于养护发丝、发质修护
头皮营养液	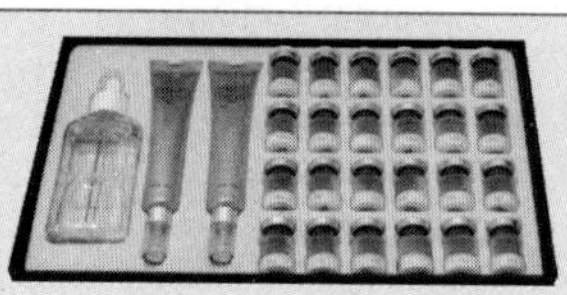	用于养护头皮

知识点考评

评价项	自评	互评	师评	努力方向、改进措施
能清楚表达专业养发馆的内部构造及设置逻辑	是□ 否□	是□ 否□	是□ 否□	
能清楚阐述养发馆所需物料与物料功用	是□ 否□	是□ 否□	是□ 否□	
职业素养（可多选）	态度认真严谨□ 沟通交流有效□ 善于观察总结□	态度认真严谨□ 沟通交流有效□ 善于观察总结□	态度认真严谨□ 沟通交流有效□ 善于观察总结□	
学生签字		组长签字		教师签字

一、选择题

1. 养发馆的工作内容不包括（　　）。

   A. 头皮护理　　　　B. 头发保养　　　　C. 剪发染发　　　　D. 吹发造型

2. 养发馆的内部构造包括（　　）。

   A. 设施物料　　　　　　　　　　B. 养发产品仪器物料

   C. 场地环境装饰　　　　　　　　D. 服装

3. 以下哪些仪器属于养发产品仪器物料？（　　）

   A. 头皮头发检测仪　　　　　　　B. 仪器收纳柜

   C. 紫外线消毒柜　　　　　　　　D. 理疗仪

4. 目前市面上养发馆存在的形式有（　　）。

   A. 专业服务店　　　B. 服务店中店　　　C. 商场专柜店　　　D. 网络店铺

二、判断题

1. 养发馆内部构造包括茶水区。（　　）

2. 纱幔帘的作用只是美观。（　　）

3. 紫外线消毒柜能够为使用过的梳子、刮痧板等用品消毒。（　　）

4. 布草柜摆放当季需要展示的产品。（　　）

知识点二　养发馆的卫生及安全常识

养发馆在经营过程中对店员形象、店铺形象和陈列都有具体的卫生要求。养发师需要注意工作中自我的卫生习惯，以及养发馆门店所在营业场所相应的卫生准则。一般成熟养发馆内部构造分为九大功能区域，即产品陈列区、项目展示区、收银区、接待区、检测区、理疗区、洗护区、茶水区以及洗手间，每个区域的功能和卫生要求不一样。合格的养发从业者要学习了解养发馆的用电、防盗、防意外等安全事宜，避免营业过程中产生经营风险。

一、养发师个人形象与卫生要求

1. 面部妆容

养发师面部妆容的总体要求是干净、清新、自然。

女性养发师需化淡妆，具体要求如下。

底妆：选择适合自己肤色的粉底或BB霜，确保上色均匀自然。

眉毛的修饰：定期修剪，使用褐色或深棕色的眉笔或眉粉，画出自然眉形。

唇妆：有明显妆容色彩，滋润亮泽，餐后及时补妆。

2. 发型要求

图2-1　发型要求

养发师发型总体要求是清爽、干练，头发干净整洁，如图2-1所示。

女性养发师的发型具体要求如下。

发型：刘海不超过眉头，无挑染，无夸张色彩，无夸张发型。

长发：过肩头发需要束起，无碎发，选用素色发带扎马尾。

短发：长度不超过肩部。

3. 手部及配饰要求

手部：保持干净卫生，男生不能有烟味。

指甲：长度平视不超过手指，指甲内无污垢，指甲油选择透明色或自然粉色，无指甲油脱落现象。

配饰：无夸张配饰，不建议佩戴戒指、手表，防止刮伤顾客，允许戴耳钉、项链。

手部及配饰要求如图2-2所示。

图2-2　手部及配饰要求

4. 着装要求

保证着装合身、无褶皱。勤洗澡、勤换工衣，着装干净、整洁、无异味。不穿拖鞋上班（图2-3）。

5. 口罩的佩戴要求

① 迎宾、服务过程中，正确佩戴口罩，确保口罩盖住口鼻和下巴，鼻夹要压实。

② 口罩出现脏污、变形、损坏、异味时需及时更换，每个口罩累计佩戴时间不超过8小时。

图2-3　养发师的着装参考

二、养发馆营业场所卫生要求

1. 店铺外部形象及卫生要求（图2-4、表2-3）

图2-4　店铺外部形象

表2-3　店铺外部卫生要求标准

结构单元	卫生要求
门头	整洁、明亮
玻璃墙	整洁、干净
灯箱	整洁、明亮，按主题活动及时更换
门前	无污渍、垃圾

2. 产品陈列区的卫生要求（图2-5、表2-4）

图2-5　产品陈列区

表2-4　产品陈列区卫生要求标准

结构单元	卫生要求
产品摆放	整洁，摆放丰富，根据不同养护功效做分类陈列
产品标签	整齐，产品标签要明确产品价格、品名、品类介绍
台卡、赠品	整洁摆放，符合当季活动内容介绍

3. 项目展示区的卫生要求（图2-6、表2-5）

图2-6　项目展示区

表2-5　项目展示区卫生要求标准

结构单元	卫生要求
产品摆放	整洁，摆放丰富，根据不同养护功效做分类陈列
产品标签	整齐，产品标签要明确产品价格、品名、品类介绍
软装风格	根据主题销售内容，更换不同的应季装饰品

4. 收银区的卫生要求（图2-7、表2-6）

图2-7　收银区

表2-6　收银区卫生要求标准

结构单元	卫生要求
收银台、收银格、收银柜	物品整齐摆放，台面整洁
收银抽屉	重要物品收纳清楚，每日下班前清点上锁

5. 接待区的卫生要求（图2-8、表2-7）

图2-8　接待区

表2-7　接待区卫生要求标准

结构单元	卫生要求
沙发	干净，无污渍、头发，沙发旁摆放鲜花和养发书籍
桌椅	桌椅摆放整齐，桌面保持整洁
背景墙	整洁，主题体现店面风格

6. 检测区的卫生要求（图2-9、表2-8）

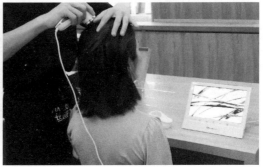

图2-9　检测区

表2-8　检测区卫生要求标准

结构单元	卫生要求
检测台	台面与检测仪等仪器干净整洁，仪器间摆放整齐
展架	样品摆放整齐
抽屉	物品整洁，摆放整齐

7. 理疗区的卫生要求（图2-10、表2-9）

图2-10　理疗区

表2-9　理疗区卫生要求标准

结构单元	卫生要求
镜子	干净、整洁，无手指印及水渍痕迹
灯	明亮、整洁
专业VIP护理椅	干净、整洁，无头发
多功能柜	物品摆放整齐，最下层应放垃圾桶

8. 洗护区的卫生要求（图2-11、表2-10）

图2-11　洗护区

表2-10　洗护区卫生要求标准

结构单元	卫生要求
洗头区	洗头盆无污垢、无头发；躺椅干净整洁；镜子、布帘干净卫生
仪器收纳区	仪器摆放整齐，仪器上无污垢，蒸汽管无养发乳
小推车	洗发水、养发乳、养发夹等护理物品摆放整齐

9. 茶水区的卫生要求（图2-12、表2-11）

图2-12　茶水区

表2-11　茶水区卫生要求标准

结构单元	卫生要求
水吧台	台面整洁、无印迹，泡茶原料、杯子、水壶依次摆放整齐
水杯	干净、卫生，使用专门的水杯消毒柜消毒
水壶	干净、卫生，无水垢

10. 洗手间的卫生要求（图2-13、表2-12）

图2-13　洗手间

表2-12　洗手间卫生要求标准

结构单元	卫生要求
洗手间	干净整洁，气味清新，配有绿植，洗手液、纸巾准备充足
洗手台	无水垢，镜面干净
垃圾桶	及时倾倒垃圾，无残留、无异味

三、门店安全常识

1. 用电安全常识

用电是门店运营的一大安全隐患。用电不仅会造成门店的火灾隐患，触电对店员的生命安全也会造成直接的负面影响。每个人的体质不同，触电后的反应也不尽相同。通常情况下，患有心脏病、内分泌失调、肺病、精神病的人触电后危险性更大，更难救护。

（1）常见触电原因

① 缺乏安全用电知识，误用湿布擦拭带电的家用电器。随意摆弄灯头、开关、电线等，造成电器插头松动。

② 用电设备安装不合格，金属外壳未接地，容易触电。使用已经老化或破旧的电线开关、非标准要求的插线板容易导致触电并引发火灾。

③ 用电设备没有及时检查修理，开关、插座、仪器等日久失修，外壳破裂、电线脱皮、仪器受潮、仪器塑料老化漏电等。

④ 个体触电后，存在不合理救治，同伴去拉触电者，造成群伤、群死。

（2）门店用电安全基本常识

① 不用铁丝、钉子、别针触碰电源插座。

② 不触摸没有绝缘层的线头，及时联系电工维修。

③ 不用湿手触摸电器；不用湿布擦拭电器；发现仪器漏水时暂时停止使用，并及时通知维修人员做绝缘处理。避免在潮湿的环境下使用电器，更不能让电器浸泡在水里。

④ 灯泡、电吹风、电暖气等门店仪器在使用中会发出高热，尽量在使用中远离纸张、棉布等易燃物品，防止发生火灾，同时使用时避免烫伤。

⑤ 安放插座的地方要保持干燥，茶水吧台的插座要安装防水装置。

⑥ 仪器、电器用完后，要及时拔掉电源插头；插拔电器时要以保持干燥的手捏紧插头部位，不要用力拉扯电线。

⑦ 门店在营业过程中，如果发生跳闸，应及时拔掉插座，然后联系维修人员查明跳闸原因，并在排除电器故障之后，再启动闸刀通电。

⑧ 发现电吹风、电器仪器设备冒烟或闻到异味时，要迅速切断电源进行检查维修或更换。

（3）触电后应急事故的处理

① 拉下电源开关或拔掉电源插头，用干燥的木棒等绝缘体挑开电线。切勿用潮湿物品接触金属电线；勿用手直接拉开电线。

② 将触电者迅速移至干燥处仰卧，解开上衣和裤带，观察有无呼吸、颈动脉有无搏动。

③ 如触电者无脉搏跳动，需做人工呼吸和心肺复苏，且同时叫救护车。

2. 防火安全常识

养发馆存在一定量的化学品和易燃物品，一旦出现火灾，将极大地危及生命和财产，因此，养发馆应当重视防火安全，并安装专业的防火设施，以确保养发馆的安全。

为了有效地防止火灾，养发馆应当建立防火管理制度。根据管理制度，养发馆应当定期检查防火设施，检查电气设备的安全性，确定火源的存在，控制易燃物品的使用，并定期进行消防教育，以保护员工和顾客的安全。

（1）门店防火安全基本常识

① 禁止在门店内使用明火，并禁止在易燃易爆物品周围使用明火。

② 严禁在门店内吸烟，防止火灾的发生。

③ 禁止在门店内存放易燃易爆物品，避免火灾的发生。

④ 严格按照规定给门店安装防火设备，并定期检查和维护。

⑤ 定期对门店内的电气设备进行检查和维护，确保安全。

⑥ 建立火灾报警系统，并定期检查和维护，确保能够及时发现火灾。

⑦ 定期对门店内的通风系统进行检查和维护，保证门店安全。

⑧ 定期检查和维护门店内的消防设备，以保证消防设备的及时使用。

⑨ 员工应定期参加防火安全教育，了解如何及时发现火灾，如何正确处理火灾。

⑩ 建立灭火系统，并定期检查和维护，确保能够及时灭火。

（2）明火处置措施

① 使用灭火器。其使用方法如下：

a. 打开灭火器的保险装置：将拉柄拉起，拉柄会发出"咔嚓"的声音，表明保险装置已被打开。

b. 拉起灭火器的扳手，这会打开灭火器的阀门，放出灭火剂。

c. 用灭火器的喷头对准火源，将灭火剂均匀喷射在火源上，使火源被覆盖，以熄灭火焰。

② 在发生火灾时，应立即拨打119报警，报告火灾情况，并尽快采取灭火措施。

③ 采取及时疏散措施，确保养发师及顾客安全离开火灾现场。

3. 其他安全注意事项

① 门店明显处应张贴显著提醒告示：小心台阶、贵重物品请随身携带、小心地滑等标识。

② 顾客从洗头床起身时，一定要提醒慢起，用手搀扶协助起身，以免顾客躺久后头晕。

③ 顾客如果带孩子一起进店，请协助看管好小朋友，不要在店里摔倒或者触碰危险物品。

④ 为顾客取包的过程中，一定要提醒顾客将贵重物品检查清楚，以免顾客将物品遗忘在店内。

⑤ 给顾客使用过的物品，请及时消毒。

⑥ 不要提供与经营内容无关的服务，以免造成损失，引起顾客投诉、索赔。

⑦ 经营结束后，检查好店铺内贵重物品的摆放，锁好门窗并检查后再离开。

知识点考评

评价项	自评	互评	师评	努力方向、改进措施
根据养发师的职业卫生要求，完善个人形象	是□ 否□	是□ 否□	是□ 否□	
根据养发馆的营业场所卫生要求，正确整理实训场地	是□ 否□	是□ 否□	是□ 否□	
描述营业过程中出现的安全隐患	准确全面□ 不准确□ 错误□	准确全面□ 不准确□ 错误□	准确全面□ 不准确□ 错误□	
处置实训场地用电安全隐患	准确熟练□ 基本完成□ 未完成□	准确熟练□ 基本完成□ 未完成□	准确熟练□ 基本完成□ 未完成□	
处置实训场地防火安全隐患	准确熟练□ 基本完成□ 未完成□	准确熟练□ 基本完成□ 未完成□	准确熟练□ 基本完成□ 未完成□	
职业素养（可多选）	态度认真严谨□ 沟通交流有效□ 善于观察总结□	态度认真严谨□ 沟通交流有效□ 善于观察总结□	态度认真严谨□ 沟通交流有效□ 善于观察总结□	
学生签字		组长签字		教师签字

一、选择题

1. 女性养发师的发型要求包括（　　）。

   A. 刘海不超过眉头　　　　　　　B. 无挑染

   C. 无夸张色彩　　　　　　　　　D. 无夸张发型

模块二·
习题答案

2. 养发师的手部及配饰要求有（　　）。

   A. 手部保持干净卫生，男生不能有烟味

   B. 允许戴耳钉、项链

   C. 指甲：长度平视不超过手指，指甲内无污垢，指甲油选择透明色或自然粉
   色，无指甲油脱落现象

   D. 配饰：无夸张配饰，不建议佩戴戒指、手表，防止刮伤顾客

3. 店铺外部卫生要求包括（　　）。

   A. 门头整洁、明亮

   B. 玻璃墙整洁、干净

   C. 灯箱整洁、明亮、按主题活动及时更换

   D. 门前无污渍、垃圾

4. 口罩的佩戴要求包括（　　）。

   A. 迎宾、服务过程中，需要佩戴口罩

   B. 确保口罩盖住口鼻和下巴，鼻夹要压实

   C. 必须佩戴白色口罩

   D. 每个口罩累计佩戴时间不超过8小时

5. 茶水区卫生要求标准包括（　　）。

   A. 护发用品摆放整齐

   B. 水吧台面整洁、无印迹，泡茶原料、杯子、水壶依次摆放整齐

   C. 水杯干净、卫生，利用专门的水杯消毒柜消毒

   D. 水壶干净、卫生，无水垢

二、判断题

1. 顾客从洗头床起身时，一定要提醒慢起，用手搀扶协助起身。（　　）

2. 熟客使用过的物品，不必及时消毒。（　　）

3. 顾客如果带孩子一起进店，需要协助看管好小朋友。（　　）

4. 门店在营业过程中，如果发生跳闸，应及时拔掉插座，然后联系维修人员查明跳闸原因，并在排除电器故障问题之后，再启动闸刀通电。（　　）

5. 个体触电后，同伴应及时拉触电者。（　　）

6. 如触电者无脉搏跳动，需做人工呼吸和心肺复苏，且同时叫救护车。（　　）

模块三　养发护理基础

养发的本质是对头皮、头发的医学护理。一名合格的养发师，除了掌握必要的养发技能外，还需要掌握一定的皮肤生理知识，如皮肤的组成、皮肤及毛发的解剖生理。只有掌握这些知识，才能根据不同顾客的特点，有针对性地为顾客提供优质的服务。

素养目标

1. 具有以顾客为中心的服务意识。
2. 具有良好的人文精神，关爱养护对象，维护健康。
3. 具有健康的审美情趣，能感受美、欣赏美、创造美。
4. 具有良好的护理仪器使用安全意识，依规实施养护任务。
5. 具有良好的人际沟通能力，与顾客进行专业交流。

知识目标

1. 掌握皮肤和毛发的结构及其生理功能知识。
2. 掌握头皮、头发基础养护的内容。
3. 了解不同类型的头皮与头发护理仪器的功能。

能力目标

1. 能够清楚地向顾客解释头发的生长机理。
2. 能够独立、正确地为顾客完成头皮与头发的基础养护。
3. 能够正确熟练地使用琉光导入梳、水氧喷枪、养发热蒸仪等常见头皮与头发护理工具。

知识点　养发护理的基础知识

一、皮肤的结构与功能

皮肤总重量占身体总重的5%～15%，皮肤总面积为1.5～2平方米，厚度因人或因部位而异，一般为0.5～4毫米。皮肤由表皮、真皮和皮下组织构成，并含有附属器官（汗腺、皮脂腺）以及血管、淋巴管、神经和肌肉等，如图3-1所示。

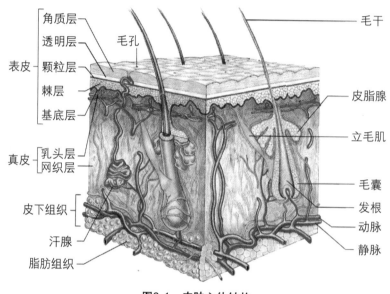

图3-1　皮肤立体结构

1. 表皮

表皮是皮肤最外面的一层，平均厚度为0.2毫米。表皮根据细胞的不同发展阶段和形态特点，由外向内可分为角质层、透明层、颗粒层、棘层、基底层5层。

角质层：由数层角化细胞组成，含有角蛋白。它能抵抗摩擦，防止体液外渗和化学物质内侵。角蛋白吸水力较强，一般含水量不低于10%，以维持皮肤的柔润；如低于此值，皮肤则干燥，出现鳞屑或皲裂。由于部位不同，其厚度差异甚大，如眼睑、包皮、额部、腹部、肘窝等部位较薄，掌、跖部位较厚。角质层的细胞无细胞核，若有核残存，称为角化不全。

透明层：由2～3层核已消失的扁平透明细胞组成，含有角母蛋白。能防止水分、电解质和化学物质的透过，故又称屏障带。此层于掌、跖部位最明显。

颗粒层：由2～4层扁平梭形细胞组成，含有大量嗜碱性透明角质颗粒。颗粒层里的扁平梭形细胞层数增多时，称为粒层肥厚，并常伴有角化过度；颗粒层消失，常伴有角化不全。

棘层：由4～8层多角形的棘细胞组成，由下向上渐趋扁平，细胞间借桥粒互相连接，形成所谓细胞间桥。

基底层：由一层排列呈栅状的圆柱细胞组成。此层细胞不断分裂（经常有3%～5%的细胞进行分裂），逐渐向上推移、角化、变形，形成表皮其他各层，最后角化脱落。基底细胞分裂后至脱落的时间，一般认为是28日，称为更替时间，其中自基底细胞分裂后到颗粒层最上层为14日，形成角质层到最后脱落为14日。基底细胞间夹杂一种来源于神经嵴的黑色素细胞（又称树枝状细胞），占整个基底细胞的4%～10%，能产生黑色素（色素颗粒），决定着皮肤颜色的深浅。

2. 真皮

皮肤的免疫反应主要发生于真皮，真皮浅层内的肥大细胞、巨噬细胞、树突状细胞等相互作用，并通过其合成的细胞因子互相调节，对免疫细胞的活化、游走、增殖分化，免疫应答的诱导，炎症损伤以及创伤修复等均具有重要的作用。当细菌入侵时也可在此引起炎症反应和超敏反应。真皮由纤维、基质和细胞构成。

（1）纤维

真皮纤维有胶原纤维、弹力纤维和网状纤维三种。

胶原纤维：为真皮的主要成分，约占95%，集合组成束状。在乳头层纤维束较细，排列紧密，走行方向不一，亦不互相交织。在网状层纤维束较粗，排列较疏松，交织成网状，与皮肤表面平行者较多。由于纤维束呈螺旋状，故有一定的伸缩性。

弹力纤维：在网状层下部较多，多盘绕在胶原纤维束下及皮肤附属器官周围。除赋予皮肤弹性外，也构成皮肤及其附属器的支架。

网状纤维：被认为是未成熟的胶原纤维，它环绕于皮肤附属器及血管周围。

（2）基质

真皮基质是一种无定形的、均匀的胶样物质，充塞于纤维束间及细胞间，为皮肤各种成分提供物质支持，并为物质代谢提供场所。

（3）细胞

真皮细胞主要由成纤维细胞、组织细胞、肥大细胞三种细胞构成。

成纤维细胞：能产生胶原纤维、弹力纤维和基质。

组织细胞：是网状内皮系统的一个组成部分，具有吞噬微生物、代谢产物、色素颗粒和异物的能力，起着有效的清除作用。

肥大细胞：存在于真皮和皮下组织中，以真皮乳头层为最多。其胞浆内的颗粒能贮存和释放组织胺及肝素等。

3. 皮下组织

皮下组织位于真皮的下部，由疏松结缔组织和脂肪小叶组成，其下紧邻肌膜。皮下组织的厚薄依年龄、性别、部位及营养状态而异。有防止散热、储备能量和抵御外来机械性冲击的功能。

皮下组织附属器：汗腺、皮脂腺。

（1）汗腺

小汗腺：一般所说的汗腺。位于皮下组织的真皮网状层。除唇部、龟头、包皮内面和阴蒂外，分布全身，而以掌、跖、腋窝、腹股沟等处较多。汗腺可以分泌汗液，调节体温。

大汗腺：主要位于腋窝、乳晕、脐窝、肛周和外生殖器等部位。青春期后分泌旺盛，其分泌物经细菌分解后产生特殊臭味，是臭汗症的原因之一。

（2）皮脂腺

位于真皮内，靠近毛囊。除掌、跖外，分布全身，以头皮、面部、胸部、肩胛间和阴阜等处较多。唇部、乳头、龟头、小阴唇等处的皮脂腺直接开口于皮肤表面，其余开口于毛囊上1/3处。皮脂腺可以分泌皮脂，润滑皮肤和毛发，防止皮肤干燥，青春期以后分泌旺盛。

知识拓展

皮肤 pH 值

正常皮肤表面pH值为5.0～7.0，最低可到4.0，最高可到9.6。皮肤的pH值平均约5.8。由于人体皮肤表面存留着尿素、尿酸、盐分、乳酸、氨基酸、游离脂肪酸等酸性物质，所以皮肤表面常显弱酸性。健康的东方人皮肤的pH值应该在4.5～6.5。皮肤只有在正常的pH值范围内，也就是处于弱酸性，才能使皮肤处于吸收营养的最佳状态，此时皮肤抵御外界侵蚀的能力以及弹性、光泽、水分等，都为最佳状态。可见pH值与安全护肤是密不可分的。

二、头皮的生理结构

头部皮肤是身体皮肤的一部分，由表皮层、皮下组织层、帽状腱膜层、腱膜下层、骨膜层组成，如图3-2所示。

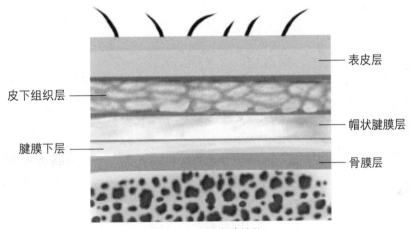

图3-2 头部皮肤结构

表皮层：分为表皮和真皮。较身体其他部位厚而致密，还有大量的毛囊、皮脂腺和汗腺。含有丰富的血管和淋巴管，外伤时出血多，但愈合较快。

皮下组织层：由脂肪和粗大而垂直的纤维构成，与皮肤层和帽状腱膜层均有短纤维紧密相连，是组成头皮的关键，并富含血管神经。

帽状腱膜层：帽状腱膜层前起于眼轮匝肌，后面止于枕骨上隆突。由两部分组成，一部分是肌肉，另一部分是筋膜。前边是额肌，后边是枕肌，中间是帽状腱膜。这三层紧密结合又称为头皮。

腱膜下层：是位于帽状腱膜与颅骨外膜之间的薄层疏松结缔组织。此间隙范围较广，前至眶上缘，后达上顶线。头皮借此层与颅骨外膜疏松连接，故移动性大，头皮撕裂多沿此层。

骨膜层：颅骨的最后一个屏障，为骨质提供营养成分，进行颅内切开术的时候，可以从颅骨上揭开。

头皮油脂分泌过剩，大多与荷尔蒙分泌紊乱、压力大、过度梳理、经常进食高脂食物有关。如果护理不当，再加上生活注意不够，油性头皮的人最容易有脂溢性脱发的风险。

头皮健康的标准：

① 头皮色泽青白色；

② 头皮放松不紧绷，无红血丝；

③ 无瘙痒，无肉眼可见的头皮屑、红痘；

④ 毛孔畅通呈现漩涡状，能较长时间保持清爽状态。

健康的头皮效果如图3-3所示。

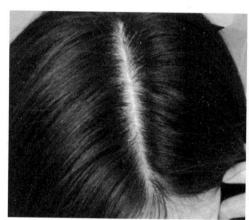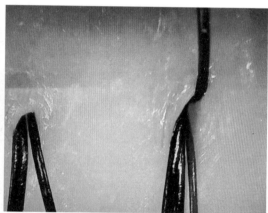

图3-3　健康的头皮效果

三、毛发的分类

毛发是皮肤的附属器，不含神经血管。

皮肤毛发分长毛、短毛和毫毛三种。正常人的头发为8万～10万根。手掌、手足趾磨节背侧和口唇等为无毛部位。

硬毛（长毛）：如头发、胡须、腋毛等，长5～150厘米，粗0.005～0.2毫米。

硬毛（短毛）：如眉毛、睫毛、鼻毛、耳毛等，长0.5～1.3毫米，粗0.005毫米。

毫毛（汗毛）：颜色较浅、细软。它覆盖了面部、四肢和躯干。毫毛为人体所特有，长度不超过14毫米。

四、头发的生理结构

头发的基本成分是角质蛋白，角质蛋白由氨基酸组成，它们提供头发生长所需的养分，各种氨基酸原纤维通过螺旋式弹簧式的结构相互缠绕交联，形成角质蛋白的强度和柔韧，从而赋予了头发独有的刚韧性。

头发从外到里可分为表皮层、皮质层、髓质层三个部分，如图3-4、表3-1所示。

图3-4 发干构造示意图

1. 表皮层

表皮层又称毛鳞片，是扁平细胞交错重叠成鱼鳞片状从毛根排列到毛梢，包裹着内部的皮质。这一层护膜虽然很薄，只占整个头发的10%～15%，但具有重要的性能，可以保护头发不受外界环境的影响，保持头发乌黑、亮泽和柔韧。表皮层由硬质角蛋白组成，有一定硬度但很脆，对摩擦的抵抗力差，在过分梳理和使用不好的洗发液时很容易受伤脱落，使头发变得干枯无光泽。

2. 皮质层

皮质层位于表皮的内侧，是由含有许多黑色素的细小纤维质细胞所组成。纤维质细胞的主要成分是角质蛋白，角质蛋白由氨基酸组成。许多螺旋状的原纤维组成小纤维，再由多根螺旋状的小纤维组成大纤维，然后数根螺旋状的大纤维就组成了外纤维，这也就是皮质层的主体。

皮质层是头发的主要组成部分，占头发所有成分的80%。细胞中含有的黑色素是决定头发颜色的关键。我国人的头发是黑色的，这是因为黑色素较多的缘故；相反欧美人拥有棕色等颜色的头发，是因为头发上的黑色素较少。

皮质纤维的多少也决定头发的颜色、弹性、粗细、曲度、韧性等。

3. 髓质层

髓质层位于头发的中心，主要支持头发的力度、硬度，是含有些许黑色素粒子的空洞性的细胞集合体，一至二列并排且呈立方体的蜂窝状排列着。它的内部有无数个气孔，这些饱含空气的洞孔不仅具有隔热的作用，而且可以提高头发的强度和刚性。较硬的头发含有的髓质也多，但毛干末端、汗毛和新生儿的头发往往没有髓质。

表3-1　头发构造各层特征比较

结构	组成	作用
表皮层	透明的薄膜	决定头发的柔顺度和光泽度，锁住头发的水分、营养、色素颗粒
皮质层	皮质纤维、色素颗粒和气泡	决定头发的颜色、弹性、粗细、曲度、韧性等
髓质层	空心的灯管状	支持头发的力度、硬度，有隔热的作用

五、头发的生长机理

头发的生长期为2～7年，接着进入退行期，为2～4周，再进入休止期，约为数个月，最后毛发脱落。此后再过渡到新的生长期，长出新发。故平时洗头或梳发时，发现少量头发脱落，乃是正常的生理现象。

如图3-5所示，头发的整体生长结构由发干、头皮、发根、毛囊以及皮脂腺、立毛肌等附属器官组成。冒出头皮之外的裸露部分为发干，头皮之下的部分是发根，包裹着发根的是毛囊，毛囊根部膨胀球形部分为毛乳头，毛乳头下面是错综复杂的毛细血管。

毛囊是在皮肤内包裹发根部分的葱头状的组织结构，健康的毛囊可以长1～4根头发。

毛乳头是在毛囊底部一个乳头状的突起组织，内含毛细血管以供应头发生长所需的营养。毛乳头离头皮深度为4毫米，是头发的生长之源，它吸收营养，控制头发的发育。只要毛乳头的功能未丧失，即使拔掉头发，亦

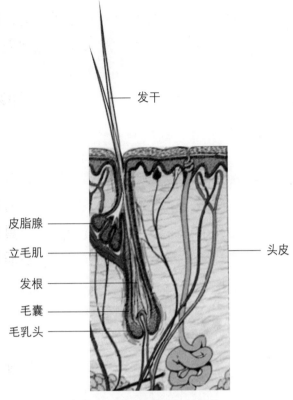

发干

皮脂腺

立毛肌

发根

毛囊

毛乳头

头皮

图3-5 头发的整体生长结构

可再生。毛乳头的病理性破坏或人为破坏，可导致永久性脱发。毛发的色素也来自毛乳头处的黑色素细胞，其功能丧失，则产生白发。而且发干的健康也直接受毛乳头吸收血液营养的影响。

食物经过胃肠消化分解成氨基酸，再经过血管毛乳头吸收合成蛋白质，蛋白质组成细胞，新生成的细胞把旧的细胞往上推，于是头发不断地增加长度。如果人体营养失调，毛囊乃至发根与发干得不到需要的营养，即使人体营养恢复了均衡，但毛乳头下面微循环得不到恢复，毛发同样得不到血液供给的营养，使之不能健康生长。所以皮质层中的毛细微血管微循环情况非常重要。

图3-5中，毛囊左上角有葡萄球状的皮脂腺，皮脂腺主要功能是分泌头皮需要的油脂，油脂多了，头皮与头发就会呈油性状，如图3-6所示；分泌少了，头皮与头发呈干性状。油脂分泌的多寡，直接影响到毛囊与发干是否健康。多了，下行融合代谢物堵塞毛囊，头发吸收不了营养；少了，头皮干枯缺水，导致银屑状头皮屑，如图3-7所示。另外，人们在紧张、压力、抑郁之下，中枢神经会发出信号挤压皮脂腺，皮脂腺随之分泌大量油脂，所以压力之下导致的斑秃与白发是现代人最常见的现象。

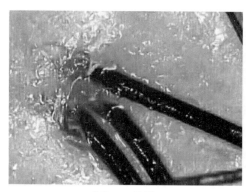 

图3-6 头油　　　　　　　　　　　图3-7 头皮屑

　　世界卫生组织将"无屑、无痒、油脂平衡"作为头发健康的标准，而这三项指标也均是衡量头皮健康的标准。平时不注重科学的洗护、合理的染烫、预防紫外线辐射，均会导致头皮保护层受损，受损的头皮一旦碱性化，轻者头皮瘙痒，头皮屑增多，重则头皮炎症，脱发白发。

　　由此可见，毛囊是"种子"，头皮是"土壤"，发干就是"庄稼"，三者均衡和谐，头发必然健康。在养护头发时，必须做到毛囊、头皮、发干同时养护，缺一不可。而且还应养成良好的饮食习惯，才能杜绝头油、头痒、头皮屑多等头皮问题困扰。

　　健康头发的特征如下。

　　① 健康头发发质——韧。头发强韧、有弹性、无分叉。一根健康的头发能吊起约100克的重物，其强韧度与同等粗细的金属丝相当。

　　② 健康头发发质——润。润、不油腻、无静电。健康的头发在温和的环境中保有约10%的水分，即使在完全湿润的时候也只会吸收自身重量约15%的水分。

　　③ 健康头发发质——柔。柔软顺滑、易梳理、不打结。健康的头发触感如绸缎般柔而不涩、滑而不腻，易于造型。

　　④ 健康头发发质——亮。有光泽、发色饱满、盈亮。健康的头发颜色坚实而饱满，受伤的头发颜色轻浮，黯淡如稻草。

　　日常养护头皮的具体措施：

　　第一，应多摄取碱性食物，避免进食过多的酸性食物、油炸食品、甜食、辛辣和刺激性食物；

　　第二，应养成2～3天洗一次发的习惯；

　　第三，要尽量避免染发，因为染发剂会损伤毛干，引起头发断裂，还会刺激头皮细胞，导致头皮问题增多，头皮的生长环境也会被破坏。

知识拓展

头发生长所需要的营养标准

头发生长所需的营养主要是氨基酸，适量地补充氨基酸，并被人体所吸收可以促进头发生长。

蛋白质：人的头发主要由角质蛋白构成。当人体缺少蛋白质时，头发就缺乏光泽，变得干燥，甚至头发梢分叉。当发生上述情况时，就应多食用一些含蛋白质的食物，如黄豆、芸豆、牛奶、蛋类、瘦肉等。

胶质：科学实验证明，含胶质丰富的食物对保护头发有很好的作用，还有助于预防脱发。这些食物有海蜇、海带、木耳、银耳、猪肉皮等。

碘：头发的光泽是由体内甲状腺素发挥作用而形成的。碘是合成甲状腺素的必需物质。食用含碘丰富的食物有助于增加头发的光泽，如虾、海带、紫菜、柿子、莴苣等。

铁：铁是血液中不可缺少的微量元素，也是头发中黑色素合成的重要物质，缺铁会引起头发变枯、发脆。要经常食用一些诸如动物血、猪肝、鸽肉、鱿鱼、紫菜、芹菜、油菜等食物。

知识点考评

评价项	自评	互评	师评	努力方向、改进措施
能清楚叙述皮肤、毛发的结构	是□　否□	是□　否□	是□　否□	
能清楚叙述头皮、头发的结构和机能	是□　否□	是□　否□	是□　否□	
能清楚叙述头发的生长机理	是□　否□	是□　否□	是□　否□	
职业素养（可多选）	态度认真严谨□ 沟通交流有效□ 善于观察总结□	态度认真严谨□ 沟通交流有效□ 善于观察总结□	态度认真严谨□ 沟通交流有效□ 善于观察总结□	
学生签字		组长签字		教师签字

知识巩固与练习

一、选择题

1. 皮肤由以下哪些组织构成？（ ）

   A. 真皮层　　　　　B. 油脂　　　　　　C. 表皮层　　　　　D. 皮下组织

2. 真皮纤维包含以下哪些类型？（ ）

   A. 肌肉纤维　　　　B. 网状原纤维　　　C. 弹力纤维　　　　D. 胶原纤维

3. 头部皮肤是身体皮肤的一部分，由哪些组织构成？（ ）

   A. 表皮层、皮下组织　　　　　　　B. 帽状腱膜层

   C. 腱膜下层　　　　　　　　　　　D. 骨膜层

4. 毛发的髓质层位于头发的（ ）。

   A. 发梢　　　　　　B. 发根　　　　　　C. 中心　　　　　　D. 顶端

5. 头发的生长期是多久？（ ）

   A. 2～3年　　　　　B. 2～7年　　　　　C. 8～9年　　　　　D. 3～4年

二、判断题

1. 表皮由外向内可分为角质层、透明层、颗粒层、棘层、基底层。（ ）

2. 正常皮肤表面pH值为5.0～7.0。最低可到3.0，最高可到9.6。（ ）

3. 细胞中含有的黑色素是决定头发颜色的关键。（ ）

4. 头发的基本成分是角质蛋白。（ ）

5. 毛发的表皮层是一层半透明、呈鱼鳞状叠排的薄膜。（ ）

任务一　头皮、头发的基础养护

任务描述

通常情况下，头皮、头发的基础养护项目包括健康洗头、头部按摩、头部刮痧、肩部按摩、发梳按摩、吹发造型等。原则上，基础服务项目应遵循一定的服务流程才能达到最佳的护理效果，每个基础服务项目都有各自的技术特点和护理目的，需要养发师掌握流程、把握细节。

任务实施

一、健康洗头

健康洗头是养发馆开展针对性养护前的基础服务项目。健康洗头的作用如下。

① 刺激顾客头部穴位使其放松，保持愉悦的心情接受护理流程。

② 对头发、头皮进行清理，为后续的养护服务提供工作基础。

③ 根据顾客实际护理需求，有针对性地使用洗发产品、护发素，达到润养头皮、头发的目的。

健康洗头主要包括头部放松、洗发、弹头、冲水包头四个服务板块。

环节一　头部放松

在洗发前通过头部穴位按摩放松头部，能够帮助顾客消除疲劳、改善血液循环、聪耳明目、健脑安神，为下一阶段的洗护带来更加舒适的体验。按摩的过程中，养发师可以近距离地观察顾客头皮、头发情况，为下一阶段的治疗提供更有针对性的方案。头部放松主要穴位的位置及其作用如图3-8、表3-2所示。

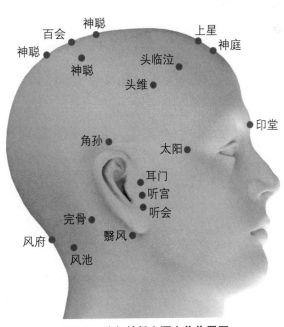

图3-8　头部放松主要穴位位置图

表3-2　头部放松主要穴位的位置及其作用

穴位名称	穴位位置	按摩作用
印堂	位于人体额部，在两眉头的中间	主治：失眠、头痛、鼻渊等症
神庭	前发际正中直上0.5寸[1]处	主治：头痛、眩晕、失眠
上星	前发际上中1寸处	主治：头痛、眼痛、鼻炎、鼻塞
头临泣	目窗后一指	主治：头痛、眩晕
头维	额角上0.5寸处	主治：头痛
太阳	位于眉后，距眼角五分凹陷处	主治：疏风解表、清热、明目止痛等症
耳门	耳屏上切迹的前方，下颌骨髁突后缘，张口有凹陷处	主治：耳鸣、耳聋、齿痛、颌肿、眩晕等症
听宫	耳屏正中与下颌骨髁突之间的凹陷中	主治：耳疾、齿痛
听会	耳屏切迹的前方，下颌骨髁状突的后缘，张口有凹陷处	主治：耳鸣、耳聋、齿痛、面痛等症
完骨	耳后乳突的后下方凹陷处，在胸锁乳突肌附着部上方	主治：头痛、颊肿、颈项强痛等症
翳风	颈部，耳垂后方，乳突下端前方凹陷中，在耳后动、静脉，颈外浅静脉处	主治：牙关紧闭、齿痛、颊肿、耳鸣、耳聋等症
风池	位于枕骨下缘，与风府相平，胸锁乳突肌与斜方肌上端之间的凹陷处	主治：头痛、感冒、鼻炎、耳聋、耳鸣
角孙	折耳廓向前，在耳尖直上入发际处	主治：耳部红肿、目赤肿痛、颊肿、齿痛等症
百会	位于头部，前发际正中直上5寸	主治：头痛、目眩、鼻塞、耳鸣、失语等症
神聪	位于头顶百会前、后、左、右各旁开1寸处，共4穴	主治：中风、偏瘫、健忘、失眠、头痛、眩晕、头顶疼痛等症
风府	位于颈部，当后发际正中直上1寸，枕外隆凸直下，两侧斜方肌之间凹陷处	主治：头痛、项强、眩晕、鼻衄等

头部按摩可采用指量法（手指同身寸法，如图3-9所示）确定穴位。

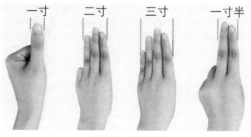

图3-9　指量法

---

[1]　1寸≈3.33厘米。

头部放松前，养发师要保持手部清洁，再次检查指甲，防止按摩时刮伤顾客。检查顾客的头皮情况，并与其沟通可按摩部位，以防止服务过程给顾客带来不适。

具体头部放松手法如下。

步骤一 用大拇指以"揉三按一"的方式揉按印堂穴2次，双手大拇指自印堂穴分抹至神庭穴6次（印堂穴下0.5寸，力度可适当加大），揉按神庭穴1次，再点按上星穴。

▶ 健康洗头
——头部放松

知识拓展

手指同身寸法：是一种古老的测量人的身体特征的方法，它利用手指之间的距离来衡量身高、关节距离等。手指同身寸法仍用于如今的传统治疗法，如中医药、按摩推拿和养生术。

揉三提一：是用指腹揉按穴位3次，沿按压趋势渗透下去，再提起。用轻柔的力度渗透穴位，能够起到刺激穴位、使身体舒缓放松的效果。

步骤二 双手大拇指按抹印堂穴3次，顺着眉上分抹至太阳穴3次（太阳穴向上提按），揉按太阳穴2次。

步骤三 "压三经"：按压神庭穴，分5点至百会穴；按头临泣穴，分5点至百会穴；按头维穴，分5点至百会穴。在"压三经"时，神庭、头临泣、头维三穴揉三按一，其余四点均匀点按。

步骤四 以"揉三按一"的方式揉按神庭、头临泣、头维三穴各一次，剪刀手上下拉抹耳门穴、听宫穴、听会穴6次，提翳风穴1次，揉按完骨穴3次（揉三提一）。

步骤五 双手掌跟并拢，托起顾客头部，双手美容指从大椎两侧提拉至风池穴3次，揉按风池穴3次（揉三提一）。

步骤六 十指张开，揉按全头放松。从两侧到头顶、耳后至头顶，双手重叠从前发际线点按至百会。

注意事项与易出现的问题

注意事项

① 头部放松强调适当的节奏性与方向性，手法要由轻到重，先慢后快，由浅及深，以达到轻柔、持久、均匀、有力的手法要求（图3-10）。

图3-10　头部放松

② 按摩以头部按摩为主，按摩后顾客应感到轻松舒适。

③ 按摩时间的长短、力度的轻重，应先征求顾客的意见，再进行操作。

④ 对患有头部皮肤病以及患有严重心脏病的顾客和孕妇，禁止按摩。

易出现的问题

① 动作不连贯，没有按照从上到下的顺序按摩。

② 穴位点按不准确。

③ 手法过轻或过重。

④ 动作太快或太慢。

⑤ 手法不规范。

环节二　洗发

洗发是利用洗发液洗发，清除黏附在头皮和头发上的灰尘、油脂、护发品及矿物粒子，抑制头皮屑生成和头皮瘙痒，保持头皮和头发清洁健康，为其他护发项目打好基础。同时，洗发液的粒子会附着于头发表面，防止被分离的污垢再度附着在头发上。

具体洗发步骤如下。

步骤一　准备工具

准备工具用品包括防水垫、两条毛巾、洗发产品等（准备工作能体现门店的服务和管理水平，如果在操作过程中发生工具用品不齐备，出现操作中断停滞或让顾客等候，会影响顾客心理，顾客甚至会出现急躁情绪）。

步骤二　洗护带位

将顾客请至洗发区，如图3-11所示。顾客走近洗发椅时，拉脚踏板，如图3-12所示。一般洗头区比理疗区高，会有台阶。经过台阶时应及时提请顾客注意。

图3-11　洗护带位

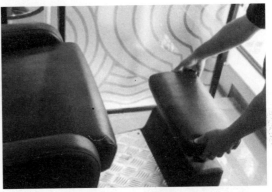
图3-12　拉脚踏板

步骤三　披毛巾

根据顾客的服装和个人需求可以为顾客竖披或横披毛巾，防止温水打湿衣物引起顾客不适，如图3-13、图3-14所示。

图3-13　竖披毛巾

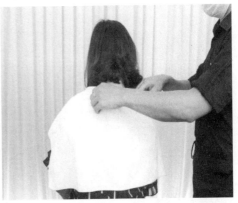
图3-14　横披毛巾

步骤四　扶顾客躺下

养发师一手扶头，一手扶肩，协助顾客躺在洗头床上（图3-15）。为顾客颈部垫毛巾（垫颈部毛巾时，如果顾客衣领较小的可以请其解一颗纽扣，便于操作），防止颈部皮肤直接触碰洗发池边缘引起不适。顾客双脚可以平放在脚踏板上，保持舒适的状态。将顾客头发完全梳理到洗头盆内，以便下一步操作。

步骤五 铺V形胸巾

将另一条毛巾以V形方式搭盖于顾客前胸位置，尽量避免触碰到顾客的胸部，如图3-16所示。

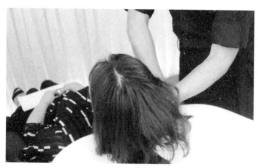
图3-15 扶顾客躺下

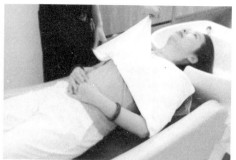
图3-16 铺V形胸巾

步骤六 淋湿头发

调节水温（水温以36～37摄氏度接近人体温度为宜），用手腕测试水温，花洒尽量放低，以免水花溅到顾客脸上及身上，如图3-17所示。喷头方向始终向发际线内侧，如图3-18所示。

► 健康洗头
——洗头

图3-17 用手腕测试水温

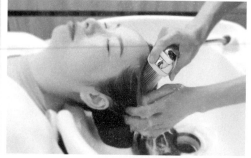
图3-18 喷头方向始终向发际线内侧

步骤七 使用洗发水打泡沫

将洗发露（为顾客介绍洗发露的特性及作用，可以打消顾客特别是新顾客对洗发露质量的疑虑）适量（按一下泵头，3～5毫升）挤入手心，可以展示给顾客看。蘸少许水，在手心轻揉出泡沫，双手呈空心状，在全头打圈（图3-19）。

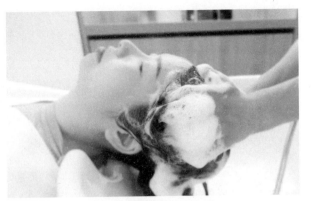

图3-19　使用洗发水打泡沫

感觉泡沫黏腻时，表明洗发液量多、水分不够，需再淋上一些水进行稀释；反之，感觉泡沫稀少，表明水多，需要加入适量洗发液，以免因泡沫少挠头时头发不顺滑而造成顾客疼痛。

步骤八　指腹洗头

指腹洗头是从发际线外侧往百会穴方向采用竖插、横插、顺抓等方式进行全头清洁，如图3-20所示。

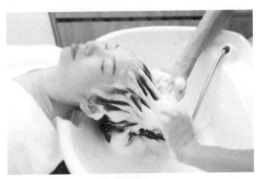

顺抓

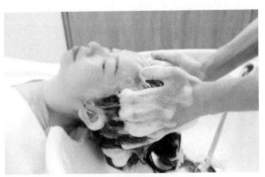

侧抓

竖插

横插

图3-20　指腹洗头手法

- 顺抓：从前额发际线用指腹顺抓至百会穴。
- 侧抓：从两鬓耳上发际线抓至头顶中线，抓至头顶时两手要交叉。
- 侧斜抓：从耳后及后发际线抓至头顶，抓至头顶时两手也要交叉。

小贴士

抓挠后脑勺时，双手腕抬起顾客的头，用指腹从后发际线抓，再延至耳后两侧，移至后脑发际线中间，从后发际线风池穴、风府穴，退至百会穴。

- 竖插：用双手指腹竖向反插，从发际线向后脑反插，从中线到两鬓分四个步骤，每个反插的步骤分八个节拍。
- 横插：用双手指腹横向反插，从两鬓的发际线向头顶反插，从前额到后脑也分为四个步骤，反插至头顶时两手应交叉。

指腹洗头时以手指指腹紧贴头皮，不可用指甲抓挠头皮。洗至角孙穴处指腹应稍微用力清洁。

环节三　弹头

弹头是以按摩为主要手段的养发工作流程，它可以进一步放松头皮，缓解头部气结，拨通头部经络，促进血液循环，加快头部的新陈代谢分泌。

弹头操作步骤如下。

步骤一　从鬓角、太阳穴、头维穴、头临泣穴到神庭穴分为五个点，五指叉开，大拇指向前进行单弹。

步骤二　从鬓角、太阳穴、头维穴、头临泣穴到神庭穴分为五个点，五指叉开，大拇指向前进行双弹。

步骤三　双手伸开，从神庭穴至百会穴进行单弹。

步骤四　双手伸开，从神庭穴到百会穴进行双弹。

步骤五　双包：大拇指定在百会区域，其余手指从神庭穴沿前发际线划拨，经角孙穴至后脑勺，单手反弹百会区域3次。

步骤六　双手拇指以揉三按一方式，揉按神庭穴、头临泣穴、头维穴，剪刀手上下拉抹耳门穴、听宫穴、听会穴6次，提翳风穴1次，揉提完骨穴（揉三提一）。

步骤七 单手托起头部，用大拇指拨颈部两侧乳突肌3次，双手四指横拨颈后竖脊肌3次，用大拇指和食指合成V状，从大椎两侧提拉至风池穴3次，再顶住风池穴，抬放头部3次。

步骤八 十指张开，揉按全头放松。

注意事项

① 保证操作人员的手部清洁，不留长指甲。

② 弹头穴位要准确，弹头后顾客应感到轻松舒适。

③ 弹头过程要根据顾客实际情况控制手法力度和时间长度。

④ 对患有头部皮肤病以及患有严重心脏病的顾客和孕妇，不建议弹头。

环节四　冲水包头

步骤一 冲水

冲水（图3-21）时，花洒不能离顾客头皮太远，保持一厘米距离，与头部呈45度角进行冲水，与此同时询问顾客水温是否合适，一手拿花洒，一手挡住顾客的头，以免水花溅到顾客面部，首先从前额发际线冲至百会穴若干下，以湿透为准。

健康洗头
——上护发素
与包头

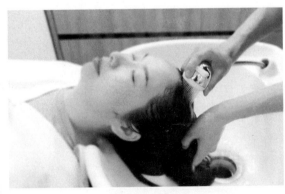

图3-21　冲水

冲两鬓时，应用手掌下沿挡住水，避免流入耳朵和脖子内。

冲后脑勺时，拿花洒以画圈的形式滑至后脑，用拿花洒的手指顶起头，另一只手从侧边卡住顾客的脖子，以免水流入脖子，然后从脖子处将手顺势拖出，让后脑的头发能被更好地打湿。

要将洗发液完全冲洗干净。避免水花溅到顾客五官。

步骤二　上护发素、冲水

将15~20毫升（3泵）的护发素（给顾客介绍护发素的特性及作用）挤至手心，可以展示给顾客看。双手把护发素在手心抹匀，然后从离发根1厘米的位置开始，均匀涂抹于发干上（图3-22）。用五指把头发理顺至不打结、顺滑为止，停留2分钟，方可冲水。

图3-22　上护发素

要避免将护发素抹至头皮，因为护发素属于油性物质，若停于头皮上，冲洗不干净，易产生毛孔堵塞、头皮油腻及头皮屑等不良现象；在冲洗护发素时，水温不宜过高。

步骤三　包头

冲水后包头既可以润养头发，又可以吸收头发多余水分，方便后续护理程序（表3-3）。

表3-3　包头的具体步骤

序号	操作图示	具体操作
1		轻拭额头两鬓、耳朵及耳内皮肤上的水珠。如有化妆，则轻轻拭干即可。如顾客佩戴耳环，注意不要用力拉扯

序号	操作图示	具体操作
2	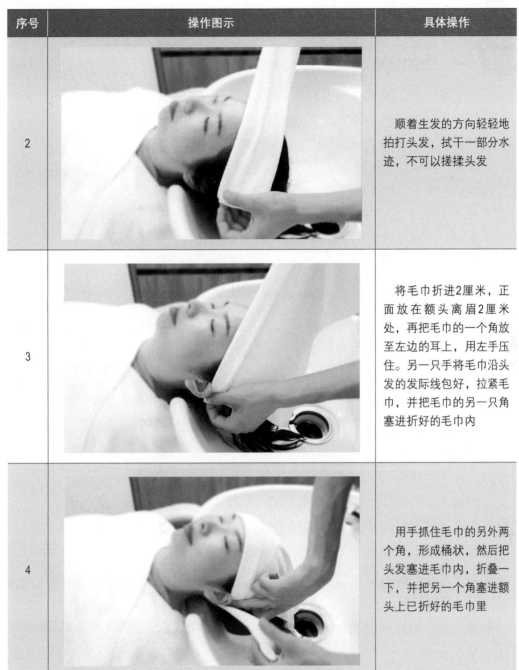	顺着生发的方向轻轻地拍打头发，拭干一部分水迹，不可以搓揉头发
3		将毛巾折进2厘米，正面放在额头离眉2厘米处，再把毛巾的一个角放至左边的耳上，用左手压住。另一只手将毛巾沿头发的发际线包好，拉紧毛巾，并把毛巾的另一只角塞进折好的毛巾内
4		用手抓住毛巾的另外两个角，形成桶状，然后把头发塞进毛巾内，折叠一下，并把另一个角塞进额头上已折好的毛巾里

一般情况下，包头工序主要应对顾客移位需求，如下阶段护理仍在洗头床上进行，可以暂不包头；如下阶段护理需要在其他区域进行，养发师除提供包头服务外，还需要引导顾客进入其他区域。在顾客坐下之前，先轻拭一下座位。

知识拓展

一、水的分类

水在洗发中扮演了重要的角色。根据所含的矿物质的数量和种类，水被划分为硬水和软水两种。

① 硬水：含有一定数量的钙、镁、铁、铝、锰离子及碳酸盐、氯化物、硫酸盐、硝酸盐等物质的水。硬水含矿物质较多，它不易使洗发水起泡。通过加热、离子交换等方法，可以将水中的钙、镁离子去除，将硬水软化。

② 软水：相对于硬水，含矿物质少，使洗发水很容易起泡沫，适合用于洗发。未受污染的雨水和雪水较纯净，接近蒸馏水，属于软水。

二、洗发液的主要成分及作用

洗发液又称洗发精、洗发香波、洗发露，是应用最广的头发和头皮基础护理化妆用品。洗发液中含有多种成分，这些成分的综合作用能起到清洁头皮和头发的功能，主要成分如下。

① 主表面活性剂：又称"表面活性成分"，主要是一些带脂肪链的盐，如十二烷基硫酸钠等，它们的作用是清洁、洗净头发，是洗发液质量的决定者。

② 辅表面活性剂：由一些两性或非离子表面活性剂组成，它们的作用是辅助主表面活性剂清洁头发，同时可以降低刺激性，改善洗发液外观。

③ 调理剂：主要是一些大分子量和小分子量混合的阳离子。头发大多带有负电荷，因此这些带正电荷的阳离子很容易吸附上去，带给头发柔软和易于梳理的效果。

④ 顺滑剂：这在洗发液配方中同样重要，它一般指一些高分子量、高黏度的油，可以吸附在每一根头发表面，形成顺滑的薄膜，令头发顺滑、健康、自然。

⑤ 香精：洗发液的香型很多，有花香调的，也有果香、草香调的等。不过，最终目的是结合产品的概念，带给消费者最佳的享受。

⑥ 防腐剂、色素、黏稠剂等。

三、护发素的成分及作用

护发素亦称润丝，一般与洗发液成对使用。使用护发素可以帮助头发吸收营养，同时在头发外部形成保护层，使其免受损伤，保持柔软、亮泽，富有弹性。护发素主要由表面活性剂、辅助表面活性剂、阳离子调理剂、增脂剂、油分、螯合剂、防腐剂、色素、香精及其他活性成分组成。

① 表面活性剂主要起乳化抗静电、抑菌作用。

② 辅助表面活性剂可以辅助乳化。

③ 阳离子调理剂可对头发起到柔软、抗静电、保湿和调理作用。

④ 增脂剂如羊毛脂、橄榄油、硅油等可改善头发营养状况，使头发光亮、易梳理。

⑤ 其他活性成分如维生素、水解蛋白、植物提取液等，赋予护发素去头皮屑、润湿、防晒等功能。

四、使用护发素的好处

洗发液以阴离子、非离子表面活性剂为主要原料，起到去污和起泡的作用。护发素的主要原料是阳离子表面活性剂。用洗发液洗发后，会使头发带有更多的负电荷，从而产生静电，致使梳理不便。使用了护发素，其主要成分带阳离子的季铵盐可以中和残留在头发面带阴离子的分子，并留下一层均匀的单分子膜。单分子膜会给头发带来一系列好处：柔软、光泽、易于梳理、抗静电，在一定程度上修复头发的机械损伤及烫、染所带来的一些损伤。

二、头部按摩

完成健康洗头后，可以进行头部按摩服务。其按摩手法结合头部穴位按压，打通头部经络气结，促进头皮血液循环，增强产品吸收，让头皮恢复到健康状态。

▶ 头部按摩 ◀

头部按摩的具体操作方法如下。

步骤一　右手美容指（仰卧时可用拇指）以揉三按一的方式揉按印堂穴两遍，双手美容指交替从印堂穴向上拉抹至神庭穴6次，揉按神庭穴1次，点按上星穴1次。

步骤二　双手美容指先交替按抹印堂穴3次，再从印堂穴沿眉上方左右分开拉抹至太阳穴3次，最后揉按太阳穴两次。

步骤三　双手美容指从印堂穴沿眉上方左右分抹经过太阳穴至耳后，用大拇指揉搓耳廓（由上至下分三段完成），捏耳垂1次，然后用食指和中指夹住耳朵根部，上下揉搓耳门、听宫、听会三穴（3次，上下为1次），再用双手美容指揉按太阳穴、头维穴各2次。

步骤四　右手美容指从神庭穴分5点揉按至百会穴（神庭穴以揉三按一的方式1次，其他四个点直接点按1次）。

步骤五　双手美容指从头临泣穴分5点揉按至百会穴（头临泣穴以揉三按一的方式1次，其他四个点直接点按1次）。

步骤六　双手美容指从头维穴均匀分5点揉按至百会穴（头维穴揉按，其他四个穴位点按）。

步骤七　用大拇指分别揉按上下左右四神聪穴各1次。

步骤八　双手美容指分别从神庭穴揉按头临泣穴、头维穴各1遍，然后点按耳门穴、听宫穴、听会穴、翳风穴各1遍。

步骤九　双手大拇指分别从左右神聪穴分5点按至耳尖穴（左右神聪穴采用揉三按一的方式，其他四个穴位直接点按）。

步骤十　分5点用双手大拇指从百会穴揉按至风池穴（百会穴以揉三按一的方式，其他四个穴位直接点按）。

步骤十一　站在顾客右侧，左手安抚，右手四指指腹从发际线外从左自右梳至后脑，反复操作1分钟。

步骤十二　揉按全头，使顾客放松。

注意事项

头部按摩与头部放松都以按摩手法为主要服务内容，同样要注意穴位的准确性和手法力度。同时，要根据顾客具体情况评估其是否适合该项服务。如果服务对象是长发顾客，需要将其头发捋松，避免出现拉扯情况。

▌三、头部刮痧

完成头部按摩后，使用头部刮痧法，能使治疗发质毛躁的玫瑰精油更好地被皮肤所吸收（图3-23、图3-24）。其刮痧手法结合头部经络，可以打通头部经络气结，促进头皮血液循环，增强产品吸收，让头皮恢复到健康状态。

▶ 头部刮痧 ◀

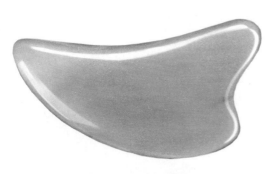

图3-23 鱼形刮痧板

图3-24 头部刮痧

步骤一 用刮痧板鱼肚前段圈刮印堂穴6次，双板从印堂穴交替刮至神庭穴6次，圈刮神庭穴6次，点按神庭穴1次。

步骤二 双板沿前发际线从神庭穴刮经太阳穴至角孙穴6次，再沿耳门、听宫、听会三穴上下刮拭6次，提翳风穴1次。

步骤三 双板交替从左侧太阳穴横向刮至右侧太阳穴1次（分9个点，每个点3个节拍，刮拭发际线前后1寸区域），然后双板鱼嘴相对（或双板重叠）重复操作1遍，再圈刮太阳穴、角孙穴、头维穴各12次。

步骤四 双板鱼嘴同时分刮头部左右各8条线；依次从神庭、曲差、头临泣、头维、太阳、耳前、耳尖、耳后等穴位向百会穴刮拭1次。

步骤五 单板从头正中线开始向左右两边均匀各分8条线，每条线以一个大拇指的宽度分线；从前发际线向后刮拭，再从后发际线处的完骨穴、风池穴、风府穴分3条发际线向头顶刮拭。

步骤六 双板同时从神庭穴到百会穴分3点刮至两侧各1次（每条线的起点先刮拭6次，再着重加强），再向两侧刮拭，最后用双板鱼尾从耳前、耳中向百会穴刮拭1次。

步骤七 双手四指指腹揉按头皮，全头放松。

注意事项

头部刮痧不能用于有头部皮肤疾病的顾客，并要根据顾客的实际承受能力调整刮痧力度。

模块三

养发护理基础

四、肩部按摩

完成头部刮痧后，肩部按摩（图3-25）可以帮助顾客放松肩部肌肉，改善肩部、颈部和背部的血液循环，进一步消除疲劳，帮助放松身体，增加活力，改善身体健康。此外，洗发后肩部按摩还可以消除僵硬，帮助改善肩部的活动度，增加肩部的力量和耐力，减少肩部的疼痛和僵硬感。

图3-25　肩部按摩

肩部按摩手法的操作流程如下。肩部按摩部分穴位、肌肉如图3-26所示。

步骤一　左手扶肩，右手五指揉捏颈夹肌至风池穴（分三段，每段2次），点按风池穴2次。

步骤二　大拇指从肩井穴向风池穴圈拨（分6点圈拨，每点圈拨2次），共2遍（先左后右）。

步骤三　双手四指指腹重叠，从风池穴滑拨至肩井穴，左右两侧各滑拨6次（先左后右）。

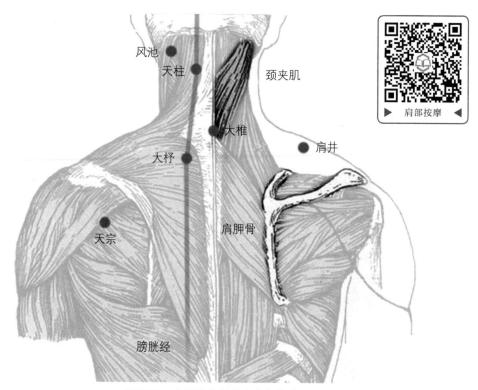

风池
天柱
颈夹肌
大椎
大杼
肩井
天宗
肩胛骨
膀胱经

▶ 肩部按摩 ◀

图3-26　肩部按摩部分穴位与肌肉

步骤四 双手大拇指交替揉推大椎穴12次，揉拨劳损区3次（揉三次横拨一次），再用手掌大鱼际和掌根从风池穴至肩井穴（即斜方肌）揉按、推拨6次（先左后右）。

步骤五 双手大拇指从上往下（或从下往上）滑拨肩胛骨缝12次（先左后右）。

步骤六 握拳，用四指第二关节（或大拇指）揉拨膀胱经（沿着膀胱经揉拨至肩胛骨缝末端，先左后右），再用双手拇指揉按天宗穴2次。

步骤七 用大鱼际和掌根依次揉大椎穴、肩胛骨缝、肩胛骨各6次（先左后右）。

注意事项

① 避免用力过猛，以免造成肩部肌肉的损伤。

② 要注意按摩部位，避免过度按摩，以免损害肩部肌肉。

③ 要使用恰当的手法，如抹、搓、揉、拍等，以刺激肩部肌肉，促进血液循环，调节神经功能。

④ 要注意按摩时间，不宜过长，以免影响血液循环，使肩部肌肉过度放松。

五、发梳按摩

发梳按摩是一种护发调理方法，它可以调节头皮血液循环，促进头皮营养，增强头发的抗氧化能力，促进头发的生长，使头发更加健康，同时也可以放松身心，改善睡眠质量（图3-27）。

图3-27 发梳按摩

梳发时，从额头正中开始，以均匀的力量向颈后面、头顶以及耳朵两边梳，掌握好速度，每次梳100下左右即可。

注意事项

① 因发梳亲密接触顾客头皮、头发，梳发前要保证发梳清洁。

② 梳发时，轻力度的梳头起不到按摩的作用，而力度过重容易刮伤头皮。所以顺发梳头时，力度要适中，以头皮产生微热感最好。

▶ 发梳按摩 ◀

六、吹发造型

吹发造型能够增加发型的宽度和高度，使发型更有活力，可以让顾客的发型更有层次感和更美观（图3-28）。此外，正确的吹发造型还可以消除发质问题，使发型更加柔软。

图3-28　吹发造型

注意事项

① 先吹发根。先把发根吹干，再吹发梢，或者让发梢自然风干，将电吹风伤害减至最低。

② 吹风筒和头皮保持距离。把吹风筒远离头发15厘米左右，避免让它碰到头发，太近会导致头发热损伤。

③ 卷发造型时头发最好保持8成干。

④ 当头发过干时，可适当用喷壶将头发稍喷湿8成干后开始造型。

⑤ 电吹风应不停移动。电吹风应从头顶开始，一只手将头发拨弄开，一只手移动电吹风。

⑥ 不要倒吹。湿头发的毛鳞片是张开的，顺着头发生长的方向吹会让毛鳞片闭合，如果倒吹会让毛鳞片张开，越吹越毛躁。

⑦ 涂抹护发油。先将护发油适量滴在手上，双手搓揉均匀分布后，两手上下压着头发，从发中顺到发尾。最好有点力道，像要把头发压扁一样，到了发尾双手往内弯，让发尾有自然的弧度。

任务评价

评价项	自评	互评	师评	努力方向、改进措施
准备工具干净、齐全	是□ 否□	是□ 否□	是□ 否□	
头部放松 1. 按摩方法正确 2. 穴位准确 3. 力度适中 4. 动作连贯	是□ 否□ 是□ 否□ 是□ 否□ 是□ 否□	是□ 否□ 是□ 否□ 是□ 否□ 是□ 否□	是□ 否□ 是□ 否□ 是□ 否□ 是□ 否□	
洗发 1. 泡沫丰富 2. 手法正确，指腹接触头皮 3. 步骤正确，线路清晰 4. 两手配合协调 5. 力度均匀、适中 6. 冲水方法正确 7. 没有将泡沫、水溅到顾客脸上，以及流入耳朵里 8. 水温合适	是□ 否□ 是□ 否□ 是□ 否□ 是□ 否□ 是□ 否□ 是□ 否□ 是□ 否□	是□ 否□ 是□ 否□ 是□ 否□ 是□ 否□ 是□ 否□ 是□ 否□ 是□ 否□	是□ 否□ 是□ 否□ 是□ 否□ 是□ 否□ 是□ 否□ 是□ 否□ 是□ 否□	
弹头 1. 按摩方法正确 2. 穴位准确 3. 力度适中 4. 动作连贯	是□ 否□ 是□ 否□ 是□ 否□ 是□ 否□	是□ 否□ 是□ 否□ 是□ 否□ 是□ 否□	是□ 否□ 是□ 否□ 是□ 否□ 是□ 否□	
冲水包头 1. 冲洗干净 2. 水温合适 3. 护发素涂抹均匀	是□ 否□ 是□ 否□ 是□ 否□	是□ 否□ 是□ 否□ 是□ 否□	是□ 否□ 是□ 否□ 是□ 否□	

头皮与头发护理及保养

评价项	自评	互评	师评	努力方向、改进措施
4. 毛巾包头方法正确 5. 松紧适度	是□ 否□ 是□ 否□	是□ 否□ 是□ 否□	是□ 否□ 是□ 否□	
头部按摩 1. 按摩方法正确 2. 穴位准确 3. 力度适中 4. 动作连贯	是□ 否□ 是□ 否□ 是□ 否□ 是□ 否□	是□ 否□ 是□ 否□ 是□ 否□ 是□ 否□	是□ 否□ 是□ 否□ 是□ 否□ 是□ 否□	
头部刮痧 1. 刮痧方法正确 2. 穴位准确 3. 力度适中 4. 动作连贯	是□ 否□ 是□ 否□ 是□ 否□ 是□ 否□	是□ 否□ 是□ 否□ 是□ 否□ 是□ 否□	是□ 否□ 是□ 否□ 是□ 否□ 是□ 否□	
肩部按摩 1. 按摩方法正确 2. 穴位准确 3. 力度适中 4. 动作连贯	是□ 否□ 是□ 否□ 是□ 否□ 是□ 否□	是□ 否□ 是□ 否□ 是□ 否□ 是□ 否□	是□ 否□ 是□ 否□ 是□ 否□ 是□ 否□	
发梳按摩 1. 梳头方法正确 2. 力度适中 3. 动作连贯	是□ 否□ 是□ 否□ 是□ 否□	是□ 否□ 是□ 否□ 是□ 否□	是□ 否□ 是□ 否□ 是□ 否□	
吹发造型 1. 操作规范 2. 造型美观	是□ 否□ 是□ 否□	是□ 否□ 是□ 否□	是□ 否□ 是□ 否□	
服务规范 1. 使用礼貌专业用语，能够关注顾客感受，及时征求顾客意见 2. 个人干净、整洁 3. 服务规范、热情、周到 4. 工作环境干净整洁	 是□ 否□ 是□ 否□ 是□ 否□	 是□ 否□ 是□ 否□ 是□ 否□	 是□ 否□ 是□ 否□ 是□ 否□	
职业素养	态度认真严谨□ 沟通交流有效□ 善于观察总结□	态度认真严谨□ 沟通交流有效□ 善于观察总结□	态度认真严谨□ 沟通交流有效□ 善于观察总结□	
学生签字		组长签字		教师签字

一、选择题

1. （　　）位于前顶后1.5寸处。

    A. 率谷穴　　　　　B. 风池穴　　　　　C. 百会穴　　　　　D. 太阳穴

2. 按摩（　　）可治疗耳聋、耳鸣。

    A. 风池穴　　　　　B. 目窗穴　　　　　C. 头临泣穴　　　　D. 太阳穴

3. 一般洗头的水温以（　　）℃为宜。

    A. 18～25　　　　　B. 39～42　　　　　C. 40～45　　　　　D. 45～50

4. 洗发后头皮和头发的pH在（　　）。

    A. 3.5～4.5　　　　B. 4.5～5.5　　　　C. 5.5～6.5　　　　D. 2.5～3.5

5. （　　）适合用于洗发。

    A. 软水　　　　　　B. 硬水　　　　　　C. 都不可以　　　　D. 都可以

6. 指腹洗头的原则是从发际线外侧往（　　）方向操作进行全头清洁?

    A. 角孙穴　　　　　B. 百会穴　　　　　C. 头维穴　　　　　D. 太阳穴

7. 护发素中（　　）主要起乳化、抗静电、抑菌作用。

    A. 增脂剂　　　　　B. 表面活性剂　　　C. 阳离子调理剂　　D. 催化剂

二、判断题

1. 上星穴位于百会穴前3寸。（　　）

2. 头部开穴按摩强调适当的节奏性与方向性，手法要由轻到重，先快后慢。
   （　　）

3. 洗发时毛巾包头是为了避免湿发披散在顾客脸部、颈部，给人以不舒适、不
   雅观的感觉。（　　）

4. 对于患有哮喘呼吸障碍等的顾客，头不能太低。（　　）

5. 头发大多带有正电荷。（　　）

任务二
常见头皮、头发护理仪器的使用

▶ **任务描述**

根据服务对象的具体情况，正确使用头皮头发检测仪、灌养仪、头皮无创高压导入仪、生发健发仪、琉光导入梳、水氧喷枪、养发热蒸仪等常见护理仪器。

▶ **相关知识**

随着社会生产力的发展，头皮、头发护理越来越多地借助现代仪器完成。合理使用这些仪器，可以节约护理时间，科学有效地解决头皮、头发问题。一般情况下，头皮、头发护理常用仪器分为三个大类（表3-4）：头皮头发检测仪器、头皮养护仪器和头发养护仪器。

表3-4　头皮与头发护理仪器

类别	仪器名称	功能
头皮头发检测仪器	头皮头发检测仪	检测头皮、头发状况
头皮养护仪器	灌养仪	促进营养物质吸收
	头皮无创高压导入仪	养护头皮
	生发健发仪	养护头皮、防脱发、促进头发再生
	琉光导入梳	养护头皮、促进营养吸收
	水氧喷枪	养护头皮、促进营养吸收
头发养护仪器	养发热蒸仪	滋养头发、排毒抗菌
	营养物质灌养仪	促进营养物质吸收

备注：仪器护理设备种类较多，技术迭代较快，这里根据学习者的学习特点和市场普及度做选择介绍

▶ **任务实施**

一、头皮头发检测仪的使用

头皮头发检测仪是用来了解顾客头皮的实际状况的工具，正确使用该仪器是为顾客提供定制化头皮、头发养护服务的前提。目前市面上常见的头皮头发检测仪具有便携、易用、检测准确等特点，能清晰地显示头皮的

颜色、油脂、角质层的厚度、炎症、头螨等情况（图3-29）。通过对头发的颜色、粗细、光泽度、表皮层、皮质层、髓质层以及毛孔等状况的分析，可以为顾客制订合理的头皮、头发养护方案。有些头皮头发检测仪还提供了数据记录的功能，方便为顾客提供长期、连续性的护理治疗。

图3-29　头皮头发检测仪

具体操作注意事项如下。

① 要确保使用的头皮头发检测仪符合相关的安全标准。不同的头皮头发检测仪可能有不同的操作步骤和功能，所以在使用之前务必仔细阅读和按照说明书进行操作。

② 在进行检测之前，确保头发没有任何发胶、定型剂或其他化学物质残留。如果头皮潮湿或有汗水，可以使用毛巾轻轻擦拭干净。这样可以确保检测结果的准确性。

③ 使用仪器时，要用合适力度，且不可过于贴近头皮，以免挤压或损伤头皮、头发。

④ 使用前后都要做好仪器清洁工作，可以用酒精棉片先进行擦拭，以避免皮肤疾病的交叉感染。

二、灌养仪的使用

灌养仪（图3-30）将营养物质分解成微粒子，高速喷出，送达头皮、头发。正确使用能够使营养物质深入毛囊和发丝中心，增强头皮胶原层厚度，提高头发蛋白质质量，使头发劲道、有光泽。

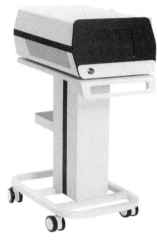

图3-30　灌养仪

具体操作注意事项如下。

① 使用前请仔细阅读使用说明书，并按照说明书操作。

② 灌养仪只能用于协助健康头发和头皮的营养吸收，不能用于患有严重头皮疾病或感染的人士。

③ 灌养仪需要与合适的营养液配合使用，使用时需要按照说明书上的指引将营养液倒入仪器中。

④ 灌养仪的使用时间一般不宜超过15分钟，过长的使用时间可能会对头皮和头发造成伤害。

⑤ 在使用灌养仪时，应与头皮保持一定距离（具体距离参数参看仪器说明书），以避免对头皮造成损伤。

⑥ 使用灌养仪后，应该及时清洁灌养仪，避免营养物质残留在仪器内，影响下次使用效果。

三、头皮无创高压导入仪的使用

头皮无创高压导入仪（图3-31）直线高压射出营养液体让头皮角质层细胞吸收，正确使用能够精准地补充头皮营养，养护毛囊，促进细胞生长。

具体操作注意事项如下。

① 使用前请仔细阅读使用说明书，并按照说明书操作。

② 头皮无创高压导入仪只能用于协助健康头发和头皮的营养吸收，不能用于患有严重头皮疾病或感染的人士。

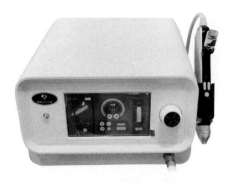

图3-31　头皮无创高压导入仪

③ 头皮无创高压导入仪需要与合适的营养液配合使用，使用时需要按照说明书上的指引将营养液倒入仪器中。

④ 使用头皮无创高压导入仪时需要先消毒（具体使用参看仪器说明书），并且使仪器保持垂直状态，避免出现倾斜。

⑤ 使用头皮无创高压导入仪时需要控制好时间，一般建议每次使用不超过20分钟，而且每周只能使用2～3次。

⑥ 使用头皮无创高压导入仪后需要及时清洁仪器，并且在存放时要放置在干燥通风的地方。

四、生发健发仪的使用

正确使用生发健发仪可以提高氧气和营养成分的穿透性和渗透性，刺激毛囊，调节油脂分泌，加速毛发生长，促进营养吸收，预防脱发（图3-32）。

图3-32　生发健发仪

具体操作注意事项如下。

① 使用前请仔细阅读使用说明书，并按照说明书操作。

② 在使用生发健发仪前，应将头发梳理干净，确保头皮和毛囊暴露在外面。

③ 生发健发仪的使用时间一般为15～30分钟，使用频率不要过多，以免对头皮造成刺激。

④ 建议搭配使用专业的护发产品，如洗发水、护发素等，以达到更好的健发效果。

⑤ 在使用生发健发仪时，避免眼睛直接暴露在激光光束中，以免对眼睛造成损伤。

⑥ 若在使用过程中出现异常情况（如头皮发痒、红肿等），应立即停止使用并就医。

⑦ 生发健发仪使用后，应及时清洁并放置在干燥通风处，避免长时间湿度大和阳光直射。

五、琉光导入梳的使用

琉光导入梳是养发馆常见的护理仪器，原理为通过光疗的方式，梳发的同时对头皮病灶进行治疗（图3-33）。常见的琉光导入梳有三种颜色（红光、蓝光、红蓝光）。一般情况下，红光模式可以防脱生发，蓝光模式可以消炎杀菌，红蓝光模式具有治疗色素流失、头发毛躁等多种功效。

图3-33 琉光导入梳

琉光导入梳具体使用方法如下。

(步骤一) 用酒精棉给琉光导入梳擦拭消毒。

(步骤二) 通电打开开关，调整光疗强度，在自己手上试温，感受到皮肤基底发热即可。

(步骤三) 遵循经络走向，沿前发际线向后发际线的方向，慢速但不停顿地梳头皮。

使用琉光导入梳梳理头部区域时先左后右，不能长时间停留一处，避免灼伤头皮，梳至头皮微微发热即可。目的是让肌底发挥收紧毛囊、促进产品吸收功效以及提升头皮防御能力。

六、水氧喷枪的使用

水氧喷枪主要通过射喷仪器把大分子的精华液雾化成小分子，水润头皮的同时促进营养吸收（图3-34）。

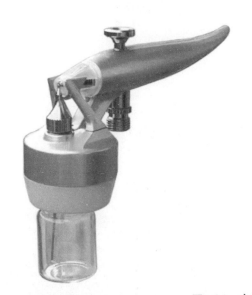

图3-34　水氧喷枪

水氧喷枪具体使用（精华液治疗）方法如下。

(步骤一) 将含有修护成分的安瓶精华液放置在水氧喷枪液体倒入处，卡口卡紧后打开操作开关。

(步骤二) 将头发用手指分18条线，分别划分左、右、后各六条线，然后按压喷枪，将精华液微雾均匀地喷射到头皮分线处。

(步骤三) 头顶采用从前向后脑方快速扫的方式喷射，后脑处采用从左往右方向快速横扫方式喷射，重点喷射病灶部位（喷枪喷嘴应距离头皮1厘米，距离太近时喷出的精华液容易成水状不利于吸收，太远则容易喷到发干上，无法作用于敏感区域）。

步骤四 每喷射一条线，用指腹搓拉一遍，涂抹均匀（使用完毕后应及时清理残留物质，以免引起喷笔堵塞）。

七、养发热蒸仪的使用

养发热蒸仪又名活氧生化仪，具有加热功能，可以让营养更好地吸收，同时可以促进血液循环，该仪器产生的臭氧对杀菌解毒保健有一定功效（图3-35）。

养发热蒸仪具体使用（养发乳热蒸）方法如下。

步骤一 将养发乳均匀涂抹在发干上（图3-36）。

步骤二 将精油滴入盛有清水的调配碗里，把活氧生化仪的排气孔对准调配碗，在香雾缭绕中缓解压力，令人全身心放松（图3-37）。

步骤三 将毛巾搭在头顶并固定在洗头盆上，使精油和热蒸汽慢慢促进头皮血液循环（图3-38）。

步骤四 取毛巾完成热蒸。

图3-35 养发热蒸仪

图3-36 将养发乳均匀涂抹在发干上

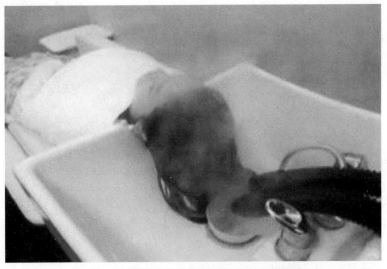

图3-37　把活氧生化仪的排气孔对准调配碗

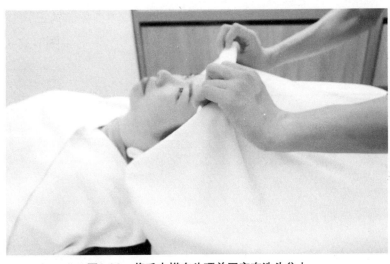

图3-38　将毛巾搭在头顶并固定在洗头盆上

注意事项

① 热蒸过程要根据顾客的发质情况和舒适感，判断设定工作时间、温度、雾量。

② 使用完毕后应及时清理残留物质，缺水时务必及时加纯净水，以免机器空转，影响机器使用寿命。

任务评价

评价项	自评	互评	师评	努力方向、改进措施
能够清楚解释说明常见养发仪的种类、工作原理	是□ 否□	是□ 否□	是□ 否□	
能够准确熟练使用琉光导入梳	准确熟练□ 基本完成□ 未完成□	准确熟练□ 基本完成□ 未完成□	准确熟练□ 基本完成□ 未完成□	
能够准确熟练使用水氧喷枪完成精华液治疗服务	准确熟练□ 基本完成□ 未完成□	准确熟练□ 基本完成□ 未完成□	准确熟练□ 基本完成□ 未完成□	
能够准确熟练使用头发热蒸仪完成养发乳热蒸服务	准确熟练□ 基本完成□ 未完成□	准确熟练□ 基本完成□ 未完成□	准确熟练□ 基本完成□ 未完成□	
职业素养 （可多选）	态度认真严谨□ 沟通交流有效□ 善于观察总结□	态度认真严谨□ 沟通交流有效□ 善于观察总结□	态度认真严谨□ 沟通交流有效□ 善于观察总结□	
学生签字		组长签字		教师签字

知识巩固与练习

一、选择题

1. 头皮、头发护理常用仪器分为哪些类型？（　　）

   A. 头皮头发检测仪器　　　　　B. 头皮养护仪器

   C. 头发养护仪器　　　　　　　D. 美发仪

模块三·
习题答案

2. 下列哪些仪器是头皮养护设备？（　　）

   A. 琉光导入梳　　　　　　　　B. 头皮头发检测仪

   C. 水氧喷枪　　　　　　　　　D. 电吹风

3. 下列哪些仪器是头发养护设备？（　　）

   A. 水氧喷枪　　　　　　　　　B. 营养物质灌养仪

   C. 养发热蒸仪　　　　　　　　D. 琉光导入梳

二、判断题

1. 琉光导入梳工作原理为通过水疗的方式，梳发的同时对头皮病灶进行治疗。
   （　　）

2. 头发热蒸过程要根据客人的发质情况和舒适感，判断设定工作时间、温度、
   雾量。（　　）

3. 使用琉光导入梳梳理头部区域时先左后右，可以长时间停留一处。（　　）

模块四 常见头发问题及解决方案

通常情况下，头发健康状况反映着身体的状况。营养不良，用脑过度，失眠，使用问题洗发水，不合理的烫发、染发都可能引起各种头发问题。本模块将详细分析常见头发问题并提供相应解决方案。

素养目标

1. 具有良好的人文精神，关爱养护对象，维护健康。
2. 具有良好的护理仪器使用安全意识，依规实施养护任务。
3. 具有良好的人际沟通能力，与顾客进行专业交流。

知识目标

1. 了解不同发质的特征、形成原因。
2. 理解常见头发问题的特征、形成原因。
3. 掌握常见头发问题的养护知识。

能力目标

1. 能够针对顾客的不同发质问题给出正确的养护方案。
2. 能够为顾客常见的头发问题提供正确、有效的养护措施。

任务一　不同发质的养护

任务描述

李女士，30岁，长期头发细软，缺少弹性。近期出现少量断发、脱发现象。请根据顾客发质的实际检测情况，分析发质属性，并提供护理方案与日常保养建议。

相关知识

一、发质的影响因素

每个人的头发发质因遗传、外界环境、心情等因素影响而存在差异。

1. 遗传

遗传因素是指每个人的头发发质都是由他们的祖先遗传下来的。例如某个人的头发发质可能是父母的遗传，也可能是他们的先祖遗传。

2. 外界环境

外界环境中的不同因素会影响头发发质，比如污染、紫外线、温度和湿度等，甚至洗发产品的使用都会对头发发质产生不同程度的影响。

3. 内在因素

心情、生活习惯等内在因素也会影响发质。大部分时间保持好的心情，可以使大脑不紧张，从而让头部放松，能更好地给头发一个生长的环境。

二、不同发质的特征及形成原因

头发的质地根据其物理特点可分为钢发、绵发、油发、沙发、卷发五种。

1. 钢发

钢发比较粗硬，生长稠密，含水量也较多，有弹性，弹力也稳固，如图4-1所示。

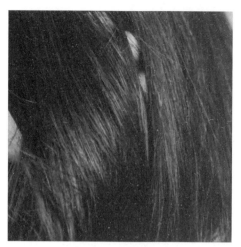

图4-1 钢发发质

钢发的形成原因一种是先天性的，另一种则是由后天的不慎造成的，如暴晒、烫发、染发或频繁造型、恶劣环境污染等。

钢发如果长期得不到正确的护理容易导致色素流失，头发逐渐变黄，变灰，最终发展成白发。

2. 绵发

绵发比较细软，缺少弹性，如图4-2所示。一般情况下，绵发的形成原因有三种。

① 先天性遗传。

② 后天使用较多化学染烫、高温吹头发、紫外线暴晒等导致头发缺乏营养和水分流失。

③ 营养失衡，如疾病、过度减肥、偏食等营养不良等所致。

绵发如果长期得不到正确的护理容易导致断发、脱发和白发。

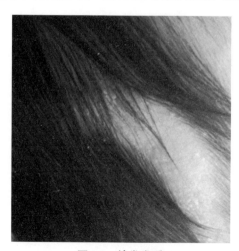

图4-2 绵发发质

3. 油发

油发油质较多，弹性较强但不稳定，抵抗力强。油性皮肤、头皮炎症都会导致油发产生，如图4-3所示。

（1）油性皮肤

头部的皮肤有大量的皮脂腺和毛囊，皮脂腺分泌大量的皮脂，分泌的过多油脂到达皮肤表面和毛发，临床上表现为皮脂溢出即多油。

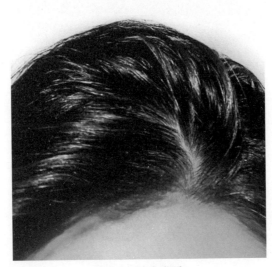

图4-3 油发发质

（2）头皮炎症

头部皮肤寄生菌如糠秕孢子菌的繁殖和感染，会导致头皮的炎症性疾病如脂溢性皮炎，表现为头部的皮肤多油、多屑和瘙痒等。

油脂分泌过多容易导致毛孔堵塞，毛囊萎缩、病变，出现脱发。同时头皮环境不佳导致真菌或皮屑芽孢菌滋生，出现敏感、头皮屑、毛囊炎、银屑病等问题。

4. 沙发

沙发缺乏油脂，含水量少，如图4-4所示。沙发的形成主要与头发的生长环境有关，如空气湿度、温度过高或过低，头发难以适应会形成沙发。另一部分人群的沙发发质与遗传有关。

沙发如果长期得不到正确的护理，其发干会越来越干枯毛躁，甚至开叉易断，最终发展成提前出现白发。

图4-4　沙发发质

5. 卷发

卷发发质弯曲丛生，软如羊毛，如图4-5所示。卷发的形成原因分为天生遗传和后天烫卷两种。

卷发如果长期得不到正确的护理，发干会越来越脆弱，失去弹性和韧性，甚至开叉易断，最终发展成提前出现白发。

图4-5　卷发发质

▶**任务实施**

参照表4-1，分析李女士的发质属性，并向其详细讲解日常护理与保养方案。

表4-1　不同发质的日常洗护保养解决方案

发质类别	主要问题症状	不当护理的发展趋势	洗护产品推荐	护理措施推荐
钢发	粗硬	变黄，变灰，最终发展成白发	具有防白健发功能，无硅油、含硫酸盐复配氨基酸配方的产品	定期做养发修护护理，通过补充硫酸盐复配氨基酸等营养成分，深度密集润养发丝，提升秀发亮泽度
绵发	头发细软，缺少弹性	断发、脱发和白发	具有强根固发、温和清洁、坚韧发丝、滋养毛发功能的产品	定期做养发护理，为头发补充蛋白质和水分，修复皮质层，抚平毛躁
油发	头发油质较多	毛孔堵塞，毛囊萎缩、病变，出现脱发	具有平衡油脂、柔润护发功能的产品	定期做控油护理调理头皮环境。控制多余的油脂分泌，同时还给头皮、头发卸妆，溶解头皮的硬皮脂，解决油发发质相关问题
沙发	缺乏油脂，含水量少	发干会越来越干枯毛躁，甚至开叉易断，最终发展成提前出现白发	具有修复头发髓质层、增强发质功能的产品	定期做养发、润发护理修复髓质层，增强发质的弹性、解决头发的力度和韧性问题
卷发	弯曲丛生，软如羊毛	失去弹性和韧性，甚至开叉易断，最终发展成提前出现白发	具有防白健发功能，无硅油、含硫酸盐复配氨基酸配方的产品	定期做养发护理，放松头皮，舒缓情绪，滋养发干

任务评价

发质属性分析				
对症护理方案和日常保养建议				
评价项	自评	互评	师评	努力方向、改进措施
能准确分析发质属性	是□　否□	是□　否□	是□　否□	
能针对问题对症给出恰当护理方案	准确全面□ 合格□ 不准确□	准确全面□ 合格□ 不准确□	准确全面□ 合格□ 不准确□	

头皮与头发护理及保养

评价项	自评	互评	师评	努力方向、改进措施
能针对问题对症给出恰当日常保养建议	准确全面□ 合格□ 不准确□	准确全面□ 合格□ 不准确□	准确全面□ 合格□ 不准确□	
职业素养 （可多选）	态度认真严谨□ 沟通交流有效□ 善于观察总结□	态度认真严谨□ 沟通交流有效□ 善于观察总结□	态度认真严谨□ 沟通交流有效□ 善于观察总结□	
学生签字		组长签字		教师签字

一、选择题

1. 以下哪种发质缺乏油脂，含水量少？（　　）

   A. 沙发　　　　　　B. 绵发　　　　　　C. 卷发　　　　　　D. 钢发

2. 钢发如果得不到正确的护理容易导致哪些负面效果？（　　）

   A. 色素流失　　　B. 头发逐渐变黄　　C. 容易变成白发　　D. 变粗、硬

3. 以下哪段描述符合卷发发质的长期护理策略？（　　）

   A. 定期做养发护理，为头发补充蛋白质和水分，修复皮质层，抚平毛躁

   B. 定期做养发修护护理，通过补充硫酸盐复配氨基酸等营养成分，深度密集润养发丝，提升秀发亮泽度

   C. 定期做养发护理，放松头皮，舒缓情绪，滋养发干

   D. 定期做养发、润养发护理修复髓质层，增强发质的弹性、解决头发的力度和韧性问题

4. 油脂分泌过多容易导致哪些负面效果？（　　）

   A. 发质干燥　　　　　　　　　　B. 毛孔堵塞

   C. 毛囊萎缩、病变　　　　　　　D. 脱发

5. 头发发质差异有哪些影响因素？（　　）

   A. 遗传　　　　　B. 外界环境　　　　C. 朋友圈　　　　　D. 内在因素

二、判断题

1. 钢发弹性较强但不稳定，抵抗力强。（　　）

2. 钢发的形成原因只有先天性一种。（　　）

3. 钢发的发展趋势是毛孔堵塞，毛囊萎缩、病变，出现脱发。（　　）

4. 营养失衡，如疾病、过度减肥、偏食等营养不良容易导致绵发。（　　）

5. 空气湿度、温度过高或过低，头发难以适应都有可能导致沙发。（　　）

6. 油发油质较多，弹性较强但不稳定，抵抗力强。油性皮肤、头皮炎症都会导致油发产生。（　　）

任务二　头发毛躁的养护

任务描述

陈女士，28岁，由于工作原因经常烫染头发，导致发质毛躁。请根据顾客情况进行分析，有针对性地进行头发毛躁的治疗护理。

相关知识

一、头发毛躁的具体表现

头发毛躁的具体表现为毛发外形的枯黄、枯燥、粗糙，毛囊油脂分泌过少，头发表皮层毛鳞片（图4-6）缺少光泽。部分情况下，毛发发干受损或因缺少营养发育不良。

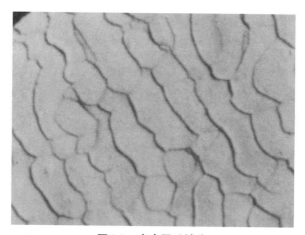

图4-6　表皮层毛鳞片

二、头发毛躁的形成原因

①经常使用碱性过强的洗发水，导致头发分泌的油脂保护层被破坏。

②有些头发毛躁和遗传有很大的关系，如果父母有人头发发质不好，可能子女也会出现这种情况。

③营养不充足。有些人挑食、偏食或者因为减肥而采取节食的办法，会导致体内营养元素缺乏，不能供养头发，使发质变得干枯毛躁。

④化学伤害破坏头发的表皮层，也会导致头发毛躁。比如经常烫染、造型等，导致头发的营养流失比较严重，造成头发毛躁。

⑤物理伤害导致头发毛躁。比如高温吹头发、紫外线暴晒，用毛巾搓

头发等行为也会使毛鳞片脱落、受损，导致头发毛躁。

⑥ 营养摄入不足。体内缺乏营养元素会引起头发毛躁，尤其是缺乏蛋白质时头发干燥比较明显，一定要增加饮食营养，多吃富含蛋白质的食物。

⑦ 头发缺少水分时会很毛躁，尤其是到了秋季要适当地补充水分，洗发时可使用护发产品。

任务实施

一、居家养护

1. 居家养护建议

① 增加饮食营养，多吃富含蛋白质的食物，比如肉蛋类、鱼类、豆类、牛奶、新鲜的蔬菜水果等。

② 避免经常烫发、染发及头发被紫外线暴晒，高温吹头发，海水侵害头发等情况发生。这些行为都会使头发表皮层受损导致头发毛躁。

③ 平时洗头时要注重养护，洗发水尽量选择弱酸性的产品，洗完头要上保湿修护类的护发素。

2. 日常居家洗护产品选择

健发洗发露、植萃柔润蒸汽养发膜。

功效：补充营养，改善头发生长环境，强健秀发。

二、养发馆养护

1. 头发毛躁护理流程

① 健康洗头>② 养发乳热蒸>③ 精华液治疗>④ 琉光导入梳导入护理>⑤ 头部按摩>⑥ 头部刮痧>⑦ 肩部按摩>⑧ 发梳按摩>⑨ 吹发造型。

2. 养护功效分析

护理效果预期：使头发持久芳香。调节头皮水润度，保湿，补充营养，抚平毛躁，如图4-7所示。

护理前 　　　　　　　　　　　护理后

图4-7　毛躁头发养护前后对比

护理原理：

① 洗头时，使用有针对性的洗发产品，清洁头发、头皮的同时滋养头发。

② 热蒸使有针对疗效的养发乳获得更好吸收，达到补水、修复头发、舒缓放松的目的。

③ 通过精华液治疗服务利用精油滋养、修复发根发干，令芳香萦绕。

④ 利用琉光导入梳导入技术，深入头发结构，使头发变得更加有弹性、光泽。

⑤ 利用按摩手法，舒缓减压，调节情绪。

建议护理周期：一周一次。

任务评价

	自评	互评	师评	努力方向、改进措施
诊断结果				
对症护理方案				
评价项	自评	互评	师评	努力方向、改进措施
能准确判断出头发问题	是□ 否□	是□ 否□	是□ 否□	
能针对问题对症给出解决方案	准确全面□ 不准确□ 错误□	准确全面□ 不准确□ 错误□	准确全面□ 不准确□ 错误□	
能清楚表达头发毛躁的形成原因	是□ 否□	是□ 否□	是□ 否□	
能准确判断日常居家洗护产品选择是否正确	是□ 否□	是□ 否□	是□ 否□	
准备工具干净、齐全	是□ 否□	是□ 否□	是□ 否□	
头部放松 1. 按摩方法正确 2. 穴位准确 3. 力度适中 4. 动作连贯	是□ 否□ 是□ 否□ 是□ 否□ 是□ 否□	是□ 否□ 是□ 否□ 是□ 否□ 是□ 否□	是□ 否□ 是□ 否□ 是□ 否□ 是□ 否□	
洗发 1. 泡沫丰富 2. 手法正确，指腹接触头皮 3. 步骤正确，线路清晰 4. 两手配合协调 5. 力度均匀、适中 6. 冲水方法正确 7. 没有将泡沫、水溅到顾客脸上，以及流入耳朵里 8. 水温合适	是□ 否□ 是□ 否□ 是□ 否□ 是□ 否□ 是□ 否□ 是□ 否□ 是□ 否□	是□ 否□ 是□ 否□ 是□ 否□ 是□ 否□ 是□ 否□ 是□ 否□ 是□ 否□	是□ 否□ 是□ 否□ 是□ 否□ 是□ 否□ 是□ 否□ 是□ 否□ 是□ 否□	
弹头 1. 按摩方法正确 2. 穴位准确 3. 力度适中 4. 动作连贯	是□ 否□ 是□ 否□ 是□ 否□ 是□ 否□	是□ 否□ 是□ 否□ 是□ 否□ 是□ 否□	是□ 否□ 是□ 否□ 是□ 否□ 是□ 否□	

头皮与头发护理及保养

评价项	自评	互评	师评	努力方向、改进措施
冲水包头 1. 冲洗干净 2. 水温合适 3. 护发素涂抹均匀 4. 毛巾包头方法正确 5. 松紧适度	是□ 否□ 是□ 否□ 是□ 否□ 是□ 否□ 是□ 否□	是□ 否□ 是□ 否□ 是□ 否□ 是□ 否□ 是□ 否□	是□ 否□ 是□ 否□ 是□ 否□ 是□ 否□ 是□ 否□	
头部按摩 1. 按摩方法正确 2. 穴位准确 3. 力度适中 4. 动作连贯	是□ 否□ 是□ 否□ 是□ 否□ 是□ 否□	是□ 否□ 是□ 否□ 是□ 否□ 是□ 否□	是□ 否□ 是□ 否□ 是□ 否□ 是□ 否□	
头部刮痧 1. 刮痧方法正确 2. 穴位准确 3. 力度适中 4. 动作连贯	是□ 否□ 是□ 否□ 是□ 否□ 是□ 否□	是□ 否□ 是□ 否□ 是□ 否□ 是□ 否□	是□ 否□ 是□ 否□ 是□ 否□ 是□ 否□	
肩部按摩 1. 按摩方法正确 2. 穴位准确 3. 力度适中 4. 动作连贯	是□ 否□ 是□ 否□ 是□ 否□ 是□ 否□	是□ 否□ 是□ 否□ 是□ 否□ 是□ 否□	是□ 否□ 是□ 否□ 是□ 否□ 是□ 否□	
发梳按摩 1. 梳头方法正确 2. 力度适中 3. 动作连贯	是□ 否□ 是□ 否□ 是□ 否□	是□ 否□ 是□ 否□ 是□ 否□	是□ 否□ 是□ 否□ 是□ 否□	
吹发造型 1. 操作规范 2. 造型美观	是□ 否□ 是□ 否□	是□ 否□ 是□ 否□	是□ 否□ 是□ 否□	
能够准确熟练地使用养发热蒸仪完成养发乳热蒸服务	准确熟练□ 基本完成□ 未完成□	准确熟练□ 基本完成□ 未完成□	准确熟练□ 基本完成□ 未完成□	
能够准确熟练地使用水氧喷枪完成精华液治疗服务	准确熟练□ 基本完成□ 未完成□	准确熟练□ 基本完成□ 未完成□	准确熟练□ 基本完成□ 未完成□	
能够准确熟练地使用琉光导入梳	准确熟练□ 基本完成□ 未完成□	准确熟练□ 基本完成□ 未完成□	准确熟练□ 基本完成□ 未完成□	

评价项	自评	互评	师评	努力方向、改进措施
养发产品选择正确	是□ 否□	是□ 否□	是□ 否□	
服务规范 1.使用礼貌专业用语，能够关注顾客感受，及时征求顾客意见 2.个人干净、整洁 3.服务规范、热情、周到 4.工作环境干净整洁	是□ 否□ 是□ 否□ 是□ 否□ 是□ 否□	是□ 否□ 是□ 否□ 是□ 否□ 是□ 否□	是□ 否□ 是□ 否□ 是□ 否□ 是□ 否□	
职业素养 （可多选）	态度认真严谨□ 沟通交流有效□ 善于观察总结□	态度认真严谨□ 沟通交流有效□ 善于观察总结□	态度认真严谨□ 沟通交流有效□ 善于观察总结□	
学生签字		组长签字		教师签字

一、选择题

1. 头发毛躁形成的原因不包括（　　）。

   A. 营养不充足　　　　B. 高温吹头发　　　　C. 弱酸性洗发水　　　D. 作息不规律

2. 多吃（　　）对头发有益。

   A. 肉　　　　　　　　B. 零食　　　　　　　C. 青菜　　　　　　　D. 火锅

二、判断题

1. 头发毛躁和遗传有很大的关系。（　　）

2. 高温吹头发对头发护理有益。（　　）

3. 毛躁的头发日常保养需要补充蛋白质及氨基酸。（　　）

任务三　头发干枯易断的养护

任务描述

李女士，35岁，头发干枯，梳头、拉扯时容易折断。根据顾客情况进行分析，有针对性地进行头发干枯易断的治疗护理。

相关知识

一、头发干枯易断的具体表现

头发干枯易断具体表现为毛发发育不良，毛囊油脂分泌过少，头发表皮层毛糙，如图4-8所示。

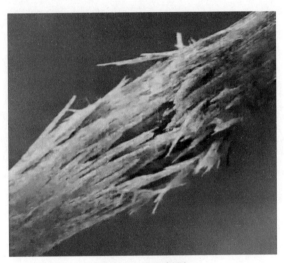

图4-8　头发断裂

二、头发干枯易断的形成原因

① 缺乏蛋白质、B族维生素等营养元素造成头发角蛋白营养不良，从而导致头发干枯易断。长期头发干枯，伴有乏力、消瘦等症状，需要及时去医院检查，以排除营养障碍性疾病，如贫血、小儿营养不良、肠道寄生虫等。

② 使用了质量不佳的洗发膏、护发素等发用产品，由于产品中含有一些刺激毛囊的化工原料，可能会损伤毛囊，毛囊受损后影响头发营养吸收，所以会出现干燥易折的情况。

③ 频繁用电吹风吹头发、梳头过于用力或频繁抓挠头皮等也可能会损

伤毛囊，进而影响头发生长。

④ 头癣是真菌感染引起的，部分真菌不但可能会损伤头皮毛囊，还会蚕食头发，导致头发干枯容易折断。真菌感染可选用抗真菌的外用药物治疗，比如酮康唑发用洗剂、二硫化硒洗剂、硝酸咪康唑乳膏等，一般建议治好之后需要把戴过的帽子烫洗后暴晒一天，有条件的话最好把头发剃光。

任务实施

一、膳食护理

1. 补充角蛋白

角蛋白是一种用于构建生命组织的纤维蛋白分子。它是人类头发和指甲，以及动物蹄子和毛发的主要组成部分。吃某些蛋白质丰富的食物可以提高角蛋白水平，保持头发和指甲健康。这种物质还被认为可以与胶原蛋白结合对皮肤健康和弹性产生积极影响。

富铁蛋白健康食物可以增加体内角蛋白生产，并促进皮肤、指甲和头发健康。饮食中包含小牛肉、鸡肉、鱼或虾等肉类食品是提高蛋白质水平的最佳选择。蛋白质的素食来源包括坚果、全谷物和豆类食品，它们对提高角蛋白水平都有积极影响，并提供有益的健康纤维、充足的矿物质和维生素。如果喜欢吃红肉获得蛋白质，建议选择精瘦肉，并限制过多脂肪摄入。牛奶、奶酪和酸奶等乳制品也是蛋白质的丰富来源。

2. 补充B族维生素和锌

B族维生素是细胞生产过程必需的，并且它们还可以增强其他营养素的效果。含维生素B_6丰富的食物包括强化全谷物早餐燕麦、鹰嘴豆、瘦牛肉、猪腰、土豆、香蕉和小扁豆等；富含维生素B_{12}的食物包括贝壳动物、低脂奶酪、豆奶和强化谷物等。

锌对细胞生长和修复也很重要。含锌丰富的食物有花生酱、牡蛎、猪里脊肉、火鸡、小麦胚芽和小牛肉等。

3. 补充维生素C和叶酸

维生素C对生产角蛋白也很重要，因为这种维生素可以促进身体对角蛋白的吸收。维生素C对植物性蛋白质吸收特别有好处。它还可以加强胶原蛋白生产，这是头发和皮肤健康的另一个关键因素。最好的方法是在一顿饭中同时消费含蛋白质和维生素C丰富的蔬菜及水果。维生素C的来源有葡萄和橙子等水果，花椰菜、羽衣甘蓝和辣椒等蔬菜。此外，还可以在强化谷物、豆类食品中发现叶酸，这也是一种很重要的营养素。

二、养发馆养护

1. 头发干枯易断护理流程

① 健康洗头>② 养发乳热蒸>③ 精华液治疗>④ 琉光导入梳导入护理>⑤ 头部按摩>⑥ 头部刮痧>⑦ 肩部按摩>⑧ 发梳按摩>⑨ 吹发造型。

2. 养护功效分析

护理效果预期：滋养头发，补充营养。帮助头发补充水分和营养，针对性改善发质干枯、分叉、易断，令头发光滑易梳，垂顺亮泽，让头发散发自然香气，如图4-9所示。

护理前　　　　　　　　　　　　　　　　　护理后

图4-9　干枯易断头发养护前后对比

护理原理：

① 洗头时，使用有针对性的洗发产品，清洁头发、头皮的同时滋养头发。

② 热蒸使有针对疗效的养发乳获得更好吸收，达到补水、修复头发、

舒缓放松的目的。

③ 通过精华液治疗服务利用精油滋养、有针对性地修复头发问题。

④ 利用琉光导入梳导入技术，深入头发结构，使头发变得更加有弹性、光泽。

⑤ 利用按摩手法，舒缓减压，调节情绪。

建议护理周期：一周一次。

任务评价

诊断结果				
对症护理方案				
评价项	自评	互评	师评	努力方向、改进措施
能准确判断出头发问题	是□ 否□	是□ 否□	是□ 否□	
能针对问题对症给出解决方案	准确全面□ 不准确□ 错误□	准确全面□ 不准确□ 错误□	准确全面□ 不准确□ 错误□	
能清楚表达头发干枯易断的形成原因	是□ 否□	是□ 否□	是□ 否□	
准备工具干净、齐全	是□ 否□	是□ 否□	是□ 否□	
头部放松 1. 按摩方法正确 2. 穴位准确 3. 力度适中 4. 动作连贯	是□ 否□ 是□ 否□ 是□ 否□ 是□ 否□	是□ 否□ 是□ 否□ 是□ 否□ 是□ 否□	是□ 否□ 是□ 否□ 是□ 否□ 是□ 否□	
洗发 1. 泡沫丰富 2. 手法正确，指腹接触头皮 3. 步骤正确，线路清晰 4. 两手配合协调 5. 力度均匀、适中 6. 冲水方法正确 7. 没有将泡沫、水溅到顾客脸上，以及流入耳朵里 8. 水温合适	是□ 否□ 是□ 否□ 是□ 否□ 是□ 否□ 是□ 否□ 是□ 否□ 是□ 否□ 是□ 否□	是□ 否□ 是□ 否□ 是□ 否□ 是□ 否□ 是□ 否□ 是□ 否□ 是□ 否□ 是□ 否□	是□ 否□ 是□ 否□ 是□ 否□ 是□ 否□ 是□ 否□ 是□ 否□ 是□ 否□ 是□ 否□	

评价项	自评	互评	师评	努力方向、改进措施
弹头 1. 按摩方法正确 2. 穴位准确 3. 力度适中 4. 动作连贯	是□ 否□ 是□ 否□ 是□ 否□ 是□ 否□	是□ 否□ 是□ 否□ 是□ 否□ 是□ 否□	是□ 否□ 是□ 否□ 是□ 否□ 是□ 否□	
冲水包头 1. 冲洗干净 2. 水温合适 3. 护发素涂抹均匀 4. 毛巾包头方法正确 5. 松紧适度	是□ 否□ 是□ 否□ 是□ 否□ 是□ 否□ 是□ 否□	是□ 否□ 是□ 否□ 是□ 否□ 是□ 否□ 是□ 否□	是□ 否□ 是□ 否□ 是□ 否□ 是□ 否□ 是□ 否□	
头部按摩 1. 按摩方法正确 2. 穴位准确 3. 力度适中 4. 动作连贯	是□ 否□ 是□ 否□ 是□ 否□ 是□ 否□	是□ 否□ 是□ 否□ 是□ 否□ 是□ 否□	是□ 否□ 是□ 否□ 是□ 否□ 是□ 否□	
头部刮痧 1. 刮痧方法正确 2. 穴位准确 3. 力度适中 4. 动作连贯	是□ 否□ 是□ 否□ 是□ 否□ 是□ 否□	是□ 否□ 是□ 否□ 是□ 否□ 是□ 否□	是□ 否□ 是□ 否□ 是□ 否□ 是□ 否□	
肩部按摩 1. 按摩方法正确 2. 穴位准确 3. 力度适中 4. 动作连贯	是□ 否□ 是□ 否□ 是□ 否□ 是□ 否□	是□ 否□ 是□ 否□ 是□ 否□ 是□ 否□	是□ 否□ 是□ 否□ 是□ 否□ 是□ 否□	
发梳按摩 1. 梳头方法正确 2. 力度适中 3. 动作连贯	是□ 否□ 是□ 否□ 是□ 否□	是□ 否□ 是□ 否□ 是□ 否□	是□ 否□ 是□ 否□ 是□ 否□	
吹发造型 1. 操作规范 2. 造型美观	是□ 否□ 是□ 否□	是□ 否□ 是□ 否□	是□ 否□ 是□ 否□	
能够准确熟练地使用养发热蒸仪完成养发乳热蒸服务	准确熟练□ 基本完成□ 未完成□	准确熟练□ 基本完成□ 未完成□	准确熟练□ 基本完成□ 未完成□	
能够准确熟练地使用水氧喷枪完成精华液治疗服务	准确熟练□ 基本完成□ 未完成□	准确熟练□ 基本完成□ 未完成□	准确熟练□ 基本完成□ 未完成□	

评价项	自评	互评	师评	努力方向、改进措施
能够准确熟练地使用琉光导入梳	准确熟练□ 基本完成□ 未完成□	准确熟练□ 基本完成□ 未完成□	准确熟练□ 基本完成□ 未完成□	
养发产品选择正确	是□　否□	是□　否□	是□　否□	
服务规范 1. 使用礼貌专业用语，能够关注顾客感受，及时征求顾客意见 2. 个人干净、整洁 3. 服务规范、热情、周到 4. 工作环境干净整洁	是□　否□ 是□　否□ 是□　否□ 是□　否□	是□　否□ 是□　否□ 是□　否□ 是□　否□	是□　否□ 是□　否□ 是□　否□ 是□　否□	
职业素养 （可多选）	态度认真严谨□ 沟通交流有效□ 善于观察总结□	态度认真严谨□ 沟通交流有效□ 善于观察总结□	态度认真严谨□ 沟通交流有效□ 善于观察总结□	
学生签字		组长签字		教师签字

知识巩固与练习

一、选择题

1. 头发干枯易断的形成原因不包括（　　）。

   A. 慢性疾病　　　　B. 过度烫染　　　　C. 每天洗头　　　　D. 作息不规律

2. 蛋白质的素食来源不包括（　　）。

   A. 坚果　　　　　　B. 螺旋藻　　　　　C. 花椰菜　　　　　D. 土豆

3. 干枯易断的头发日常保养需要补充（　　）。

   A. B族维生素和铁　　　　　　　　B. B族维生素和锌

   C. 维生素C和铁　　　　　　　　　D. 卷心菜

4. 土豆、香蕉和小扁豆中富含（　　）。

   A. 维生素C　　　　B. B族维生素　　　　C. 维生素E　　　　D. 维生素A

二、判断题

1. 富含维生素B_{12}的食物包括贝壳动物、瘦牛肉和猪腰。（　　）

2. 角蛋白是动物蹄子的重要组成部分。（　　）

3. 叶酸是一种干枯易断头发日常保养很重要的营养素。（　　）

4. 维生素C对动物性蛋白质吸收特别有好处。（　　）

5. 铁对细胞生长和修复很重要。（　　）

任务四 头发色素流失的养护

任务描述

潘女士，36岁，平时工作、生活压力大，白发每年以十几倍的速度增长。请根据顾客情况进行分析，有针对性地进行头发色素流失的治疗护理。

相关知识

一、头发色素流失的具体表现

① 毛鳞片张开：表现为头发边缘处有阴影，头发反光面呈现锯齿状。

② 毛鳞片脱落：发尾部分暗黑无光泽，有开叉现象。

③ 有色素空洞，有些甚至能见到毛髓质。

④ 新长出来的头发颜色偏黄（图4-10）。

⑤ 发干颜色出现灰色。

⑥ 头发细软，颜色不饱满（图4-11）。

⑦ 已经出现了灰发、白发（图4-12、图4-13）。

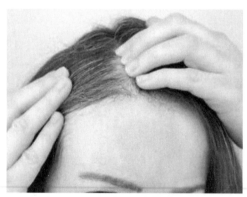

图4-10 发根偏黄

图4-11 发色不均，色泽不饱满

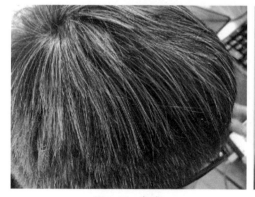

图4-12 灰发

图4-13 白发

二、头发黑色素流失的形成原因

① 头发黑色素减少的主要病因：甲状腺功能低下；高度营养不良；重度缺铁性贫血和大病初愈等，导致机体内黑色素减少，使乌黑头发的基本物质缺乏，黑发逐渐变为黄褐色或淡黄色。

② 经常染烫，染烫发用碱水或强碱性的洗发水洗头，导致黑色素流失，也会使头发受损发黄。

③ 营养不良，偏食、节食等导致头发的基础物质缺失，引起黑色素流失。

④ 衰老也会导致头发黑色素流失，随着年龄的增长，代谢缓慢，机能衰退。

⑤ 女性产后气血虚亏，导致头发营养失衡，黑色素流失。

任务实施

一、居家养护

一旦长了白头发，可能是毛囊黑色素代谢障碍或者是毛囊损伤营养不良导致的，可以多吃黑色食物，配合生活规律调整。

1. 黑色素流失的饮食调理

平常可以多吃一些黑色食物，比如海带、木耳、紫菜、黑芝麻等，以补充体内的酪氨酸和酪氨酸酶含量，促进黑色素的合成。

平时饮食尽量多样化，不要挑食，也可以多吃一些富含维生素和矿物质的蔬菜、水果，比如胡萝卜、西红柿、猕猴桃、樱桃等。保持充足的睡眠，避免情绪紧张和压力过大，不要熬夜、抽烟喝酒。

2. 日常居家洗护产品的选择

黑色素流失的人群采用无硅油洗发水比较好，可采用人参、何首乌、红花等具有滋养头发、抑制白发功能的中草药萃取，中药鲜活元素可以有效修复和激活毛母细胞的生理机能，让其加速黑色素的分泌，使头发快速变黑。

此外，健发洗发露与滋养护发素不挑发质，特别适合白发及黑色素流失的人群。其主要成为墨旱莲、黑桑和黑柳皮，另配有无硅油、硫酸盐、复配氨基酸配方。其萃取黑八类植物精华，补充营养，能够提升头皮的黑色素生长能力，促进黑色素合成，改善头发生长环境，延缓白发。

二、养发馆养护

1. 头发色素流失护理流程

① 健康洗头>② 养发乳热蒸>③ 精华液治疗>④ 琉光导入梳导入护理>⑤ 头部按摩>⑥ 头部刮痧>⑦ 肩部按摩>⑧ 发梳按摩>⑨ 吹发造型。

2. 养护功效分析

护理效果预期：促进毛囊营养吸收和黑色素沉淀，维护头发色泽，缓解因营养缺失造成的发色发灰、枯黄，发丝干枯开叉等情况。

护理原理：

① 洗头时，使用有针对性的洗发产品，清洁头发、头皮的同时滋养头发。

② 热蒸使有针对疗效的养发乳获得更好吸收，达到补水、修复头发、舒缓放松的目的。

③ 通过精华液护理服务，可促进黑色素沉淀，抑制头发色素流失、发色发灰、枯黄，发丝干枯开叉等情况。

④ 利用仪器护理，深入头发结构，使头发变得更加有弹性、光泽。

⑤ 利用按摩手法，舒缓减压，调节情绪。

建议护理周期：一周两次。

任务评价

诊断结果				
对症护理方案				
评价项	自评	互评	师评	努力方向、改进措施
能准确判断出头发问题	是□ 否□	是□ 否□	是□ 否□	

评价项	自评	互评	师评	努力方向、改进措施
能针对问题对症给出解决方案	准确全面□ 不准确□ 错误□	准确全面□ 不准确□ 错误□	准确全面□ 不准确□ 错误□	
能清楚表达头发黑色素流失的形成原因	是□　否□	是□　否□	是□　否□	
能准确判断日常居家洗护产品选择是否正确	是□　否□	是□　否□	是□　否□	
准备工具干净、齐全	是□　否□	是□　否□	是□　否□	
头部放松 1.按摩方法正确 2.穴位准确 3.力度适中 4.动作连贯	是□　否□ 是□　否□ 是□　否□ 是□　否□	是□　否□ 是□　否□ 是□　否□ 是□　否□	是□　否□ 是□　否□ 是□　否□ 是□　否□	
洗发 1.泡沫丰富 2.手法正确，指腹接触头皮 3.步骤正确，线路清晰 4.两手配合协调 5.力度均匀、适中 6.冲水方法正确 7.没有将泡沫、水溅到顾客脸上，以及流入耳朵里 8.水温合适	是□　否□ 是□　否□ 是□　否□ 是□　否□ 是□　否□ 是□　否□ 是□　否□ 是□　否□	是□　否□ 是□　否□ 是□　否□ 是□　否□ 是□　否□ 是□　否□ 是□　否□ 是□　否□	是□　否□ 是□　否□ 是□　否□ 是□　否□ 是□　否□ 是□　否□ 是□　否□ 是□　否□	
弹头 1.按摩方法正确 2.穴位准确 3.力度适中 4.动作连贯	是□　否□ 是□　否□ 是□　否□ 是□　否□	是□　否□ 是□　否□ 是□　否□ 是□　否□	是□　否□ 是□　否□ 是□　否□ 是□　否□	
冲水包头 1.冲洗干净 2.水温合适 3.护发素涂抹均匀 4.毛巾包头方法正确 5.松紧适度	是□　否□ 是□　否□ 是□　否□ 是□　否□ 是□　否□	是□　否□ 是□　否□ 是□　否□ 是□　否□ 是□　否□	是□　否□ 是□　否□ 是□　否□ 是□　否□ 是□　否□	

评价项	自评	互评	师评	努力方向、改进措施
头部按摩 1. 按摩方法正确 2. 穴位准确 3. 力度适中 4. 动作连贯	是□ 否□ 是□ 否□ 是□ 否□ 是□ 否□	是□ 否□ 是□ 否□ 是□ 否□ 是□ 否□	是□ 否□ 是□ 否□ 是□ 否□ 是□ 否□	
头部刮痧 1. 刮痧方法正确 2. 穴位准确 3. 力度适中 4. 动作连贯	是□ 否□ 是□ 否□ 是□ 否□ 是□ 否□	是□ 否□ 是□ 否□ 是□ 否□ 是□ 否□	是□ 否□ 是□ 否□ 是□ 否□ 是□ 否□	
肩部按摩 1. 按摩方法正确 2. 穴位准确 3. 力度适中 4. 动作连贯	是□ 否□ 是□ 否□ 是□ 否□ 是□ 否□	是□ 否□ 是□ 否□ 是□ 否□ 是□ 否□	是□ 否□ 是□ 否□ 是□ 否□ 是□ 否□	
发梳按摩 1. 梳头方法正确 2. 力度适中 3. 动作连贯	是□ 否□ 是□ 否□ 是□ 否□	是□ 否□ 是□ 否□ 是□ 否□	是□ 否□ 是□ 否□ 是□ 否□	
吹发造型 1. 操作规范 2. 造型美观	是□ 否□ 是□ 否□	是□ 否□ 是□ 否□	是□ 否□ 是□ 否□	
能够准确熟练地使用养发热蒸仪完成养发乳热蒸服务	准确熟练□ 基本完成□ 未完成□	准确熟练□ 基本完成□ 未完成□	准确熟练□ 基本完成□ 未完成□	
能够准确熟练地使用水氧喷枪完成精华液治疗服务	准确熟练□ 基本完成□ 未完成□	准确熟练□ 基本完成□ 未完成□	准确熟练□ 基本完成□ 未完成□	
能够准确熟练地使用琉光导入梳	准确熟练□ 基本完成□ 未完成□	准确熟练□ 基本完成□ 未完成□	准确熟练□ 基本完成□ 未完成□	
养发产品选择正确	是□ 否□	是□ 否□	是□ 否□	
服务规范 1. 使用礼貌专业用语，能够关注顾客感受，及时征求顾客意见 2. 个人干净、整洁	是□ 否□ 是□ 否□	是□ 否□ 是□ 否□	是□ 否□ 是□ 否□	

评价项	自评	互评	师评	努力方向、改进措施
3. 服务规范、热情、周到	是□ 否□	是□ 否□	是□ 否□	
4. 工作环境干净整洁	是□ 否□	是□ 否□	是□ 否□	
职业素养 （可多选）	态度认真严谨□ 沟通交流有效□ 善于观察总结□	态度认真严谨□ 沟通交流有效□ 善于观察总结□	态度认真严谨□ 沟通交流有效□ 善于观察总结□	
学生签字		组长签字		教师签字

知识巩固与练习

一、选择题

1. 保养发质应该养成良好的饮食习惯，多吃/喝（　　）。

   A. 牛奶　　　　　　　　　　　　B. 蛋糕

   C. 辣椒　　　　　　　　　　　　D. 火锅

2. 以下不属于头发色素流失的表现症状的是（　　）。

   A. 毛鳞片闭合　　　　　　　　　B. 色素空洞

   C. 头发细软　　　　　　　　　　D. 头发变硬

3. 头发黑色素流失的原因不包括（　　）。

   A. 弱酸性的洗发水洗头　　　　　B. 偏食

   C. 大病初愈　　　　　　　　　　D. 衰老

4. 紫外线暴晒不会导致（　　）发质问题。

   A. 发质毛躁　　　B. 干枯易断　　　C. 黑色素流失　　　D. 头皮屑过多

二、判断题

头发的健康生长需要少吃油腻、辛辣食物，多吃蔬菜水果。（　　）

模块四· 习题答案

模块五 常见头皮问题及解决方案

日常生活中，人们都希望自己的头皮清爽自然，没有问题困扰，然而现代社会生活节奏高速、饮食将就、作息紊乱、精神疾病等现象造成了一系列头皮问题。一般较为常见的问题包括头油脱发、衰老白发、头皮屑、瘙痒长痘、过敏泛红、头皮早衰等。本模块将详细分析各种常见头皮问题及解决方案。

素养目标

1. 具有良好的人文精神，关爱养护对象，维护健康。
2. 具有良好的护理仪器使用安全意识，依规实施养护任务。
3. 具有良好的人际沟通能力，与顾客进行专业交流。

知识目标

1. 理解常见头皮问题的特征、形成原因。
2. 掌握常见头皮问题的养护知识。

能力目标

1. 能够为顾客提供专业的居家头皮保养建议。
2. 能够为顾客常见的头皮问题提供正确、有效的养护措施。

任务一　头油脱发的养护

任务描述

王先生，30岁，是一名计算机编程人员。因压力大，长期熬夜加班，最近有头皮紧绷、头油、脱发等症状。请根据顾客情况进行分析，有针对性地进行头油脱发的治疗护理。

相关知识

一、头油脱发的生理特征

脱发多如果是由油脂分泌过多导致的，在临床上应该考虑脂溢性脱发（图5-1）。脂溢性脱发又称早发性脱发、家族性脱发、雄激素性脱发。遗传因素和内分泌因素是与该病有关的两大因素。脂溢性脱发常有家族史，为染色体显性遗传。雄激素失调是内分泌失调的原因之一，患者血液循环中雄激素含量充足。雄激素在人体头皮中存在着不同的酶活性和受体的差异，使头皮对正常或高雄激素产生强烈的放大作用，干扰毛囊和皮脂腺的代谢，增加脱发和皮脂溢出。

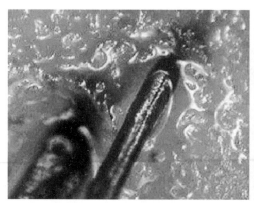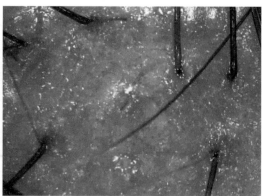

图5-1　头油脱发局部

二、头油脱发的成因

国家卫生健康委员会发布的数据显示，中国有超过2.5亿人正饱受脱发的困扰，平均每6人中就有1人脱发，大批90后也被脱发所困扰。而在目前的植发群体中，20~30岁的年轻人占据了一半以上。为什么现在越来越多人受脱发问题困扰，且脱发越来越年轻化？

头油脱发的成因可分为内因和外因，下列因素都易导致头油脱发。

1. 内在因素（自身原因）

引起脱发的内在因素主要包括遗传、生活起居、饮食习惯等。

（1）遗传

脂溢性脱发和遗传有一定关系；头皮、头发油腻，有时伴有头皮屑，头发细软。其特点是前额部和头顶部头发逐渐稀疏，脱发呈现M、O、U形状。

（2）生活起居

经常熬夜、晚睡，机体新陈代谢失衡，油脂分泌过多，毛孔堵塞，出现脱发。

（3）饮食习惯

饮食嗜好肥甘厚腻，脾胃湿热，油脂分泌过多，毛孔堵塞，出现脱发。

2. 外在因素（外在环境）

（1）不正确的洗护习惯

油性发质的人群洗头发的次数过多，频繁洗头会令头皮的酸碱值破坏，打破水油平衡，就会导致头皮经常出油，从而堵塞毛孔，出现脱发。

选择的洗护用品不适合自己的发质，或者化学成分过度，会导致出油严重、毛孔堵塞，出现脱发。

经常使用定型产品且没有及时地进行清洗，对头皮产生刺激，也会导致头油脱发。

（2）不良的环境因素

高温环境：长期处在高温的环境下，会出现代谢失衡，油脂分泌过多。

季节因素：有些人头皮比较敏感，季节变化导致代谢失调，头发也会出油，从而掉头发。

任务实施

一、居家养护

头油脱发的居家养护是指在日常头发头皮养护中，规避对头油头皮产生不良影响的系列因素，并指导顾客选择与使用适合的产品，让其逐渐养成正确的头皮、头发养护习惯，从而使顾客头皮保持稳定，使其头皮恢复健康功能的过程。

头皮头油脱发的居家养护应以帮助其调节皮脂腺功能为主，并通过与顾客的专业沟通使其了解影响皮脂腺功能的重要因素，做好行为干预，这样才能使皮脂腺功能得到调整并趋于健康。

1. 居家养护产品的选择

选择正确、适合的居家养护产品能够帮助顾客增强头皮的免疫防御能力，调节皮脂腺的分泌功能。居家养护产品选择不当，会导致皮脂腺功能下降。

（1）清洁产品的选择

头油脱发多伴有敏感、痘痘、痕痒等症状，所以应选择温和无刺激的氨基酸洗发水，清洁时需力度轻柔，用指腹按摩即可，切记不可过度摩擦头皮。

（2）其他类产品的选择

皮脂腺功能需要一定的时间调整和适应，可通过选择安全无刺激的头皮护理产品，配合行为干预，使皮脂腺达到一个平衡的状态。

2. 正确行为习惯的建立

不当的行为因素会影响皮脂腺的功能，因此要重视正确行为习惯的建立，主要有以下方面。

① 正确地清洁。清洁时避免水温过高；避免过度清洁，建议头油脱发者隔天洗头。

② 避免刺激。避免食用辛辣、刺激食物，比如麻辣小龙虾、油炸食品等。

③ 养成规律作息。平时要养成有规律的作息时间，不要熬夜晚睡，睡眠充足有助于头皮的新陈代谢和自我修复。

④ 保持良好情绪。不要有太大的心理压力，应避免出现急躁、激动、暴躁等不良情绪。

注意事项

① 头油脱发的调理受个人行为习惯的影响较大，主要还是睡眠和饮食习惯。

② 须提醒顾客及时反馈与总结，及时发现顾客的不当行为因素，规避行为误区，变被动为主动，将正确养发理念真正融入日常生活中，以防止

头皮问题反复发生，使头皮恢复健康。

二、养发馆养护

1. 头油脱发护理流程

① 健康洗头>② 精华液治疗>③ 琉光导入梳导入护理>④ 头部按摩>⑤ 头部刮痧>⑥ 肩部按摩>⑦ 发梳按摩>⑧ 吹发造型。

2. 养护功效分析

护理效果预期：增加头皮抵抗力、增强头皮自身锁水能力、恢复头皮的屏障功能。

护理原理：

① 头油脱发的养发馆调理应避免刺激，以补水、控油为主，控制头皮的油脂分泌，调节皮脂腺功能。

② 洗头时，使用有针对性的洗发产品，清洁头发、头皮的同时滋养修复头皮。

③ 通过精华液护理服务，针对头油脱发呈现出的掉发、痘痘、红血丝等表现，选用含有姜根、红花、人参的精华液产品进行治疗。同时可使用含有芦荟或者生姜的原液涂抹在头皮上，形成保护膜，维护头皮环境。

④ 利用琉光导入梳导入技术，深入头发结构，使头发变得更加有弹性。

⑤ 利用按摩手法，舒缓减压，调节情绪。

建议护理周期：一周一次。

任务评价

诊断结果				
对症护理方案				
评价项	自评	互评	师评	努力方向、改进措施
能通过手眼检测和仪器检测准确判断出头皮问题	是□　否□	是□　否□	是□　否□	
能针对问题对症给出解决方案	准确全面□ 不准确□ 错误□	准确全面□ 不准确□ 错误□	准确全面□ 不准确□ 错误□	

头皮与头发护理及保养

评价项	自评	互评	师评	努力方向、改进措施
能够清楚表达平时头皮保养专业建议	是□ 否□	是□ 否□	是□ 否□	
准备工具干净、齐全	是□ 否□	是□ 否□	是□ 否□	
头部放松 1. 按摩方法正确 2. 穴位准确 3. 力度适中 4. 动作连贯	是□ 否□ 是□ 否□ 是□ 否□	是□ 否□ 是□ 否□ 是□ 否□	是□ 否□ 是□ 否□ 是□ 否□	
洗发 1. 泡沫丰富 2. 手法正确，指腹接触头皮 3. 步骤正确，线路清晰 4. 两手配合协调 5. 力度均匀、适中 6. 冲水方法正确 7. 没有将泡沫、水溅到顾客脸上，以及流入耳朵里 8. 水温合适	是□ 否□ 是□ 否□ 是□ 否□ 是□ 否□ 是□ 否□ 是□ 否□ 是□ 否□ 是□ 否□	是□ 否□ 是□ 否□ 是□ 否□ 是□ 否□ 是□ 否□ 是□ 否□ 是□ 否□ 是□ 否□	是□ 否□ 是□ 否□ 是□ 否□ 是□ 否□ 是□ 否□ 是□ 否□ 是□ 否□ 是□ 否□	
弹头 1. 按摩方法正确 2. 穴位准确 3. 力度适中 4. 动作连贯	是□ 否□ 是□ 否□ 是□ 否□ 是□ 否□	是□ 否□ 是□ 否□ 是□ 否□ 是□ 否□	是□ 否□ 是□ 否□ 是□ 否□ 是□ 否□	
冲水包头 1. 冲洗干净 2. 水温合适 3. 护发素涂抹均匀 4. 毛巾包头方法正确 5. 松紧适度	是□ 否□ 是□ 否□ 是□ 否□ 是□ 否□ 是□ 否□	是□ 否□ 是□ 否□ 是□ 否□ 是□ 否□ 是□ 否□	是□ 否□ 是□ 否□ 是□ 否□ 是□ 否□ 是□ 否□	
头部按摩 1. 按摩方法正确 2. 穴位准确 3. 力度适中 4. 动作连贯	是□ 否□ 是□, 否□ 是□ 否□ 是□ 否□	是□ 否□ 是□ 否□ 是□ 否□ 是□ 否□	是□ 否□ 是□ 否□ 是□ 否□ 是□ 否□	

评价项	自评	互评	师评	努力方向、改进措施
头部刮痧 1. 刮痧方法正确 2. 穴位准确 3. 力度适中 4. 动作连贯	是□ 否□ 是□ 否□ 是□ 否□ 是□ 否□	是□ 否□ 是□ 否□ 是□ 否□ 是□ 否□	是□ 否□ 是□ 否□ 是□ 否□ 是□ 否□	
肩部按摩 1. 按摩方法正确 2. 穴位准确 3. 力度适中 4. 动作连贯	是□ 否□ 是□ 否□ 是□ 否□ 是□ 否□	是□ 否□ 是□ 否□ 是□ 否□ 是□ 否□	是□ 否□ 是□ 否□ 是□ 否□ 是□ 否□	
发梳按摩 1. 梳头方法正确 2. 力度适中 3. 动作连贯	是□ 否□ 是□ 否□ 是□ 否□	是□ 否□ 是□ 否□ 是□ 否□	是□ 否□ 是□ 否□ 是□ 否□	
吹发造型 1. 操作规范 2. 造型美观	是□ 否□ 是□ 否□	是□ 否□ 是□ 否□	是□ 否□ 是□ 否□	
能够准确熟练地使用水氧喷枪完成精华液治疗服务	准确熟练□ 基本完成□ 未完成□	准确熟练□ 基本完成□ 未完成□	准确熟练□ 基本完成□ 未完成□	
能够准确熟练地使用琉光导入梳	准确熟练□ 基本完成□ 未完成□	准确熟练□ 基本完成□ 未完成□	准确熟练□ 基本完成□ 未完成□	
养发产品选择正确	是□ 否□	是□ 否□	是□ 否□	
服务规范 1. 使用礼貌专业用语，能够关注顾客感受，及时征求顾客意见 2. 个人干净、整洁 3. 服务规范、热情、周到 4. 工作环境干净整洁	是□ 否□ 是□ 否□ 是□ 否□ 是□ 否□	是□ 否□ 是□ 否□ 是□ 否□ 是□ 否□	是□ 否□ 是□ 否□ 是□ 否□ 是□ 否□	
职业素养 （可多选）	态度认真严谨□ 沟通交流有效□ 善于观察总结□	态度认真严谨□ 沟通交流有效□ 善于观察总结□	态度认真严谨□ 沟通交流有效□ 善于观察总结□	
学生签字		组长签字		教师签字

一、选择题

1. 头油脱发特点是前额部和头顶部头发逐渐稀疏，脱发不会呈现（　　）形状。

   A. M　　　　　　　　B. O　　　　　　　　C. V　　　　　　　　D. U

2. 不正确的洗护习惯包括（　　）。

   A. 2～3天洗头　　　　　　　　　　B. 使用定型产品后及时进行清洗

   C. 洗护用品化学成分过度　　　　　D. 多吃辣椒

二、判断题

1. 季节变化会导致掉头发。（　　）

2. 头油脱发应选择氨基酸洗发水，清洁时需力度大，充分清洁头皮。（　　）

3. 头油脱发者可以经常吃麦当劳。（　　）

4. 头部开穴时神庭、头临泣、印堂三穴揉三按一。（　　）

任务二 衰老白发的养护

任务描述

李女士，55岁，第一次到店进行白发护理项目。通过检测发现，她的头皮存在大量白色和浅褐色的头发。根据顾客情况进行分析，有针对性地进行抑制衰老白发的护理。

相关知识

一、衰老白发的生理特征

衰老白发是由于在各种各样因素的作用下，毛囊里色素细胞代谢障碍而不能产生黑色素所致，如图5-2所示。衰老白发是一种生理现象，多在40~50岁开始，通常起于两鬓，逐渐波及全头。随着现代生活节奏的加快与高强度的工作压力，越来越多人出现衰老白发现象。

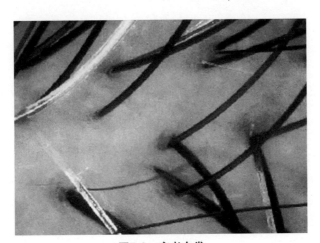

图5-2 衰老白发

二、衰老白发的分类及形成原因

1. 生理性白发（衰老白）

随着年龄增长，人体各组织衰老，代谢变慢，导致白发。

2. 遗传性白发（少年白）

遗传性白发是由于受遗传基因影响，体内先天性缺少某些营养元素或对某些营养元素的吸收、利用存在障碍，从而产生白发。

3. 病理性白发

结核、早老症、恶性贫血、心血管疾病（如动脉硬化）、内分泌障碍（如垂体分泌黑素、刺激素减少）、自主神经功能失调、甲状腺功能亢进都会导致白发的产生。

4. 精神性白发（压力白）

情绪长期焦虑、紧张、悲忧导致经络运行不畅，气滞血瘀，营养供给不足，黑色素细胞功能衰退，产生白发。

5. 产后白发

血运障碍：生产过程可能会导致母体失血过多，影响全身血液循环，进而可能会导致毛发营养缺失、黑色素减少，造成产后白发，同时产妇伴有面色苍白、乏力等症状。

情绪障碍：因为激素水平及生活环境的改变，部分产妇可能会出现抑郁、焦虑等不良情绪，情绪障碍导致自主神经功能紊乱时，也可能会造成产后白发，伴随爱哭、易激怒等精神反应。

6. 化学性白发（烫染白）

化学染发是通过强碱性的化学成分将毛鳞片强行打开，注入化学色素离子，从而改变头发颜色。但强碱性化学成分会损伤发质，影响头发水平衡，并造成大量蛋白质变性或减少，导致头发脆弱易断、干枯粗糙和本身色素流失，从而产生白发。

知识拓展

《黄帝内经·素问·上古天真论》中关于白发的选段

女子七岁，肾气盛，齿更发长。二七，而天癸至，任脉通，太冲脉盛，月事以时下，故有子。三七，肾气平均，故真牙生而长极。四七，筋骨坚，发长极，身体盛壮。五七，阳明脉衰，面始焦，发始堕。六七，三阳脉衰于上，面皆焦，发始白。七七，任脉虚，太冲脉衰少，天癸竭，地道不通，故形坏而无子也。丈夫八岁，肾气实，发长齿更。二八，肾气盛，天癸至，精气溢写，阴阳和，故能有子。三八，肾气平均，筋骨劲强，故真牙生而长极。四八，筋骨隆盛，肌肉满壮。五八，肾气衰，发堕齿槁。六八，阳气衰竭于上，面焦，发鬓颁白。七八，肝气衰，筋不能动，天癸竭，精少，肾藏衰，形体皆极。八八，则齿发去。

任务实施

一、居家养护

1. 居家养护产品的选择

衰老白发的人群居家应该选择营养类、无硅油、无硫酸盐、无化学成分添加的氨基酸洗发水，比如黑柳皮、黑桑葚、制首乌等成分，并从头皮的深层清洁、营养的补充和头发的养护双管齐下。

2. 正确行为习惯的建立

不当的行为因素会影响头皮的健康，使头皮出现脱发、白发、头皮屑、敏感等问题，因此要重视正确行为习惯的建立，主要有以下方面。

① 正确地清洁。清洁时避免水温过高（36～37℃最佳）；避免过度清洁，每隔24～48小时洗一次为宜；避免用指甲抓头皮，清洁时最好用指腹，手法需轻柔、服帖。

② 避免刺激。避免食用辛辣、油炸的食物，长期食用会造成脾胃失衡，机体代谢出现紊乱，影响营养吸收。

③ 养成规律作息。睡眠充足有助于头皮的新陈代谢和自我修复，应保证睡眠充足不熬夜。

④ 保持良好情绪。应避免出现急躁、激动等不良情绪。

二、养发馆养护

1. 衰老白发护理流程

① 健康洗头>② 精华液治疗>③ 琉光导入梳导入护理>④ 头部按摩>⑤ 头部刮痧>⑥ 肩部按摩>⑦ 发梳按摩>⑧ 吹发造型。

2. 养护功效分析

护理效果预期：衰老白发的养发馆护理需要循序渐进，头皮和头发双重护理。

第一阶段：改善头皮环境，清洁头皮油脂、污垢，畅通毛孔，修复唤醒衰老或病变毛囊组织，激活细胞生理功能。

第二阶段：加强头皮对外界伤害的抵抗能力，增强自愈修复能力。促进黑色素母细胞营养的吸收，从而合成并分泌黑色素。

护理原理：

① 洗头时，使用有针对性的洗发产品，清洁头发、头皮的同时滋养修复头皮。

② 通过精华液治疗服务，针对衰老白发人群应选用含有亚麻籽、四磷酸二鸟苷（GP4G，卤虫提取物）、ICE（水、甘油、水解大米蛋白）精华液产品进行治疗。

③ 利用琉光导入梳导入技术，深入头发结构，使头发变得更加有弹性、光泽。

④ 利用按摩手法，舒缓减压，调节情绪。

建议护理周期：一周一次。

任务评价

诊断结果				
对症护理方案				
评价项	自评	互评	师评	努力方向、改进措施
能通过手眼检测和仪器检测准确判断出头皮问题	是□　否□	是□　否□	是□　否□	
能针对问题对症给出解决方案	准确全面□ 不准确□ 错误□	准确全面□ 不准确□ 错误□	准确全面□ 不准确□ 错误□	
能够清楚表达平时头皮保养专业建议	是□　否□	是□　否□	是□　否□	
准备工具干净、齐全	是□　否□	是□　否□	是□　否□	
头部放松 1. 按摩方法正确	是□　否□	是□　否□	是□　否□	

评价项	自评	互评	师评	努力方向、改进措施
2. 穴位准确	是□ 否□	是□ 否□	是□ 否□	
3. 力度适中	是□ 否□	是□ 否□	是□ 否□	
4. 动作连贯	是□ 否□	是□ 否□	是□ 否□	
洗发 1. 泡沫丰富	是□ 否□	是□ 否□	是□ 否□	
2. 手法正确，指腹接触头皮	是□ 否□	是□ 否□	是□ 否□	
3. 步骤正确，线路清晰	是□ 否□	是□ 否□	是□ 否□	
4. 两手配合协调	是□ 否□	是□ 否□	是□ 否□	
5. 力度均匀、适中	是□ 否□	是□ 否□	是□ 否□	
6. 冲水方法正确	是□ 否□	是□ 否□	是□ 否□	
7. 没有将泡沫、水溅到顾客脸上，以及流入耳朵里	是□ 否□	是□ 否□	是□ 否□	
8. 水温合适	是□ 否□	是□ 否□	是□ 否□	
弹头 1. 按摩方法正确	是□ 否□	是□ 否□	是□ 否□	
2. 穴位准确	是□ 否□	是□ 否□	是□ 否□	
3. 力度适中	是□ 否□	是□ 否□	是□ 否□	
4. 动作连贯	是□ 否□	是□ 否□	是□ 否□	
冲水包头 1. 冲洗干净	是□ 否□	是□ 否□	是□ 否□	
2. 水温合适	是□ 否□	是□ 否□	是□ 否□	
3. 护发素涂抹均匀	是□ 否□	是□ 否□	是□ 否□	
4. 毛巾包头方法正确	是□ 否□	是□ 否□	是□ 否□	
5. 松紧适度	是□ 否□	是□ 否□	是□ 否□	
头部按摩 1. 按摩方法正确	是□ 否□	是□ 否□	是□ 否□	
2. 穴位准确	是□ 否□	是□ 否□	是□ 否□	
3. 力度适中	是□ 否□	是□ 否□	是□ 否□	
4. 动作连贯	是□ 否□	是□ 否□	是□ 否□	
头部刮痧 1. 刮痧方法正确	是□ 否□	是□ 否□	是□ 否□	
2. 穴位准确	是□ 否□	是□ 否□	是□ 否□	
3. 力度适中	是□ 否□	是□ 否□	是□ 否□	
4. 动作连贯	是□ 否□	是□ 否□	是□ 否□	

头皮与头发护理及保养

评价项	自评	互评	师评	努力方向、改进措施
肩部按摩 1. 按摩方法正确 2. 穴位准确 3. 力度适中 4. 动作连贯	是□ 否□ 是□ 否□ 是□ 否□ 是□ 否□	是□ 否□ 是□ 否□ 是□ 否□ 是□ 否□	是□ 否□ 是□ 否□ 是□ 否□ 是□ 否□	
发梳按摩 1. 梳头方法正确 2. 力度适中 3. 动作连贯	是□ 否□ 是□ 否□ 是□ 否□	是□ 否□ 是□ 否□ 是□ 否□	是□ 否□ 是□ 否□ 是□ 否□	
吹发造型 1. 操作规范 2. 造型美观	是□ 否□ 是□ 否□	是□ 否□ 是□ 否□	是□ 否□ 是□ 否□	
能够准确熟练地使用水氧喷枪完成精华液治疗服务	准确熟练□ 基本完成□ 未完成□	准确熟练□ 基本完成□ 未完成□	准确熟练□ 基本完成□ 未完成□	
能够准确熟练地使用琉光导入梳	准确熟练□ 基本完成□ 未完成□	准确熟练□ 基本完成□ 未完成□	准确熟练□ 基本完成□ 未完成□	
养发产品选择正确	是□ 否□	是□ 否□	是□ 否□	
服务规范 1. 使用礼貌专业用语，能够关注顾客感受，及时征求顾客意见 2. 个人干净、整洁 3. 服务规范、热情、周到 4. 工作环境干净整洁	是□ 否□ 是□ 否□ 是□ 否□ 是□ 否□	是□ 否□ 是□ 否□ 是□ 否□ 是□ 否□	是□ 否□ 是□ 否□ 是□ 否□ 是□ 否□	
职业素养 （可多选）	态度认真严谨□ 沟通交流有效□ 善于观察总结□	态度认真严谨□ 沟通交流有效□ 善于观察总结□	态度认真严谨□ 沟通交流有效□ 善于观察总结□	
学生签字		组长签字		教师签字

知识巩固与练习

一、选择题

1. 《黄帝内经》说过，女子"（　　），三阳脉衰于上，面皆焦，发始白"。

   A. 五七　　　　　B. 六七　　　　　C. 七七　　　　　D. 八八

2. 白发的类型不包括（　　）。

   A. 物理性白发　　B. 精神性白发　　C. 遗传性白发　　D. 自然性头皮屑

3. 衰老白发是一种生理现象，多在（　　）岁开始，通常起于两鬓，逐渐波及全头。

   A. 30～40　　　　B. 40～50　　　　C. 50～60　　　　D. 70～80

4. 情绪长期焦虑、紧张、悲忧导致经络运行不畅产生的白发属于（　　）类型。

   A. 精神性白发　　B. 生理性白发　　C. 病理性白发　　D. 自然性头皮屑

5. 衰老白发的养发馆养护的先后顺序是（　　）。

   A. 先改善头皮环境再增强自愈修复能力

   B. 先增强自愈修复能力再改善头皮环境

   C. 两者同时进行

   D. 都不是

二、判断题

1. 产后白发的原因有血运障碍和情绪障碍两种。（　　）

2. 化学染发是通过弱碱性的化学成分将毛鳞片强行打开，注入化学色素离子。（　　）

3. 衰老白发的人群居家应该选择营养类、无硅油、有硫酸盐的氨基酸洗发水。（　　）

4. 丈夫五八，肾气衰，发堕齿槁。（　　）

5. 睡眠充足对头皮的新陈代谢和自我修复没有帮助。（　　）

任务三 头皮屑的养护

任务描述

刘女士，28岁，由于工作原因经常烫染，头皮出现头皮屑，并伴随头痒。根据顾客情况进行分析，有针对性地进行去除头皮屑、抑制再生的治疗护理。

相关知识

一、头皮屑的生理特征

头皮屑（图5-3）是头部皮肤新陈代谢形成的产物，是一种正常的生理现象，又称生理性脱屑。头皮角质细胞脱落，就会形成头皮屑。在正常情况下，头皮只会脱落比较少的角质细胞，脱落的速度也不会很快，即少量的头皮屑，生理性脱屑通常不明显。

图5-3 头皮屑

二、不同头皮屑的形成原因及发展趋势

1. 头皮屑的分类

头皮屑分为油性头皮屑、干性头皮屑、季节性头皮屑。

2. 头皮屑产生的原因

① 油性头皮屑：熬夜，头皮细胞新陈代谢失衡；饮食习惯辛辣油腻，缺乏B族维生素；油脂分泌过剩，刺激皮屑芽孢菌繁殖；职业环境。

② 干性头皮屑：烫染损伤头皮环境；皮脂腺功能下降，皮肤干燥；洗护产品强碱性；季节转换，气候干燥。

③ 季节性头皮屑：天气变化。

3. 头皮屑的发展趋势

头皮屑→头痒→皮炎→银屑病。

任务实施

一、居家养护

头皮屑的居家养护是指在日常头发头皮养护中，规避对头皮屑产生不良影响的系列因素，并指导顾客选择与使用适合的产品，让其逐渐养成正确的头皮、头发养护习惯，从而使顾客头皮保持稳定，使其头皮恢复健康功能的过程。

头皮屑的居家养护应以帮助其修复头皮屏障功能为主，并通过与顾客的专业沟通使其了解影响头皮恢复健康的重要因素，保持情绪稳定，做好行为干预，这样才能使头皮恢复健康。

1. 居家养护产品的选择

头皮屑产品的选择要慎重，总的原则是安全无刺激。选择正确、适合的居家养护产品能够帮助顾客增强头皮的免疫防御能力，调节菌群。居家产品选择不当，会导致菌群失衡严重，使头皮屑现象加剧。

（1）清洁产品的选择

头皮屑人群应选择温和无刺激的氨基酸洗发水，清洁时需力度轻柔，用指腹按摩，切记不可用指甲抓头皮，并且选择含有OTC去屑剂、益生元成分洗护产品。

（2）其他类产品的选择

头皮屏障功能的恢复需要一定的时间，可通过选择安全无刺激的护肤品，配合行为干预，使头皮恢复至健康状态。

2. 正确行为习惯的建立

不当的行为因素会影响头皮的恢复，甚至加重头皮屑现象，因此要重视正确行为习惯的建立，主要有以下方面。

① 正确地清洁。清洁时避免水温过高；避免过度清洁，一周洗头2～3

次；避免过度摩擦头部，清洁时用指腹，手法需轻柔、缓慢。

② 避免刺激。避免食用辛辣、刺激食物；避免吃过热食物，尤其是吃火锅、热粥、热汤等有蒸汽食物。

③ 养成规律作息。睡眠充足有助于头皮的新陈代谢和自我修复，应保证睡眠充足不熬夜。

④ 保持良好情绪。应避免出现急躁、激动等不良情绪。

⑤ 避免烫染。烫染含有化学成分，pH值多为碱性，会破坏头皮的酸碱平衡，从而降低头皮抵抗力。

二、养发馆养护

1. 头皮屑护理流程

① 健康洗头>② 精华液治疗>③ 琉光导入梳导入护理>④ 头部按摩>⑤ 头部刮痧>⑥ 肩部按摩>⑦ 发梳按摩>⑧ 吹发造型。

2. 养护功效分析

护理效果预期：调节、修复头皮，控制皮屑芽孢菌的滋生，通过护理增加头皮抵抗力。

护理原理：

① 头皮屑的养发馆调理应避免刺激，以调节、修复头皮为主，控制皮屑芽孢菌的滋生，通过护理增加头皮抵抗力。

② 头皮屑在季节变化、烫染受损、抵抗力下降时易产生波动，所以无论何种原因导致的头皮屑，都需要先解决头皮的自觉症状使头皮达到舒适的状态，再加强头皮自身的锁水能力，修复头皮的防御屏障，使头皮达到稳定健康的状态。

③ 洗头时，使用有针对性的洗发产品，清洁头发、头皮的同时滋养修复头皮。

④ 通过精华液治疗服务，补充B族维生素，调节、修复头皮，控制皮屑芽孢菌的滋生，增加头皮抵抗力。

⑤ 利用琉光导入梳导入技术，深入头发结构，使头发变得更加有弹性、光泽。

⑥ 利用按摩手法，舒缓减压，调节情绪。

建议护理周期：一周一次。

任务评价

诊断结果				
对症护理方案				
评价项	自评	互评	师评	努力方向、改进措施
能通过手眼检测和仪器检测准确判断出头皮问题	是□ 否□	是□ 否□	是□ 否□	
能针对问题对症给出解决方案	准确全面□ 不准确□ 错误□	准确全面□ 不准确□ 错误□	准确全面□ 不准确□ 错误□	
能够清楚表达平时头皮保养专业建议	是□ 否□	是□ 否□	是□ 否□	
准备工具干净、齐全	是□ 否□	是□ 否□	是□ 否□	
头部放松 1.按摩方法正确 2.穴位准确 3.力度适中 4.动作连贯	 是□ 否□ 是□ 否□ 是□ 否□ 是□ 否□	 是□ 否□ 是□ 否□ 是□ 否□ 是□ 否□	 是□ 否□ 是□ 否□ 是□ 否□ 是□ 否□	
洗发 1.泡沫丰富 2.手法正确，指腹接触头皮 3.步骤正确，线路清晰 4.两手配合协调 5.力度均匀、适中 6.冲水方法正确 7.没有将泡沫、水溅到顾客脸上，以及流入耳朵里 8.水温合适	 是□ 否□ 是□ 否□ 是□ 否□ 是□ 否□ 是□ 否□ 是□ 否□ 是□ 否□ 是□ 否□	 是□ 否□ 是□ 否□ 是□ 否□ 是□ 否□ 是□ 否□ 是□ 否□ 是□ 否□ 是□ 否□	 是□ 否□ 是□ 否□ 是□ 否□ 是□ 否□ 是□ 否□ 是□ 否□ 是□ 否□ 是□ 否□	
弹头 1.按摩方法正确 2.穴位准确 3.力度适中 4.动作连贯	 是□ 否□ 是□ 否□ 是□ 否□ 是□ 否□	 是□ 否□ 是□ 否□ 是□ 否□ 是□ 否□	 是□ 否□ 是□ 否□ 是□ 否□ 是□ 否□	
冲水包头 1.冲洗干净 2.水温合适 3.护发素涂抹均匀 4.毛巾包头方法正确 5.松紧适度	 是□ 否□ 是□ 否□ 是□ 否□ 是□ 否□ 是□ 否□	 是□ 否□ 是□ 否□ 是□ 否□ 是□ 否□ 是□ 否□	 是□ 否□ 是□ 否□ 是□ 否□ 是□ 否□ 是□ 否□	

头皮与头发护理及保养

评价项	自评	互评	师评	努力方向、改进措施
头部按摩 1.按摩方法正确 2.穴位准确 3.力度适中 4.动作连贯	是□ 否□ 是□ 否□ 是□ 否□ 是□ 否□	是□ 否□ 是□ 否□ 是□ 否□ 是□ 否□	是□ 否□ 是□ 否□ 是□ 否□ 是□ 否□	
头部刮痧 1.刮痧方法正确 2.穴位准确 3.力度适中 4.动作连贯	是□ 否□ 是□ 否□ 是□ 否□ 是□ 否□	是□ 否□ 是□ 否□ 是□ 否□ 是□ 否□	是□ 否□ 是□ 否□ 是□ 否□ 是□ 否□	
肩部按摩 1.按摩方法正确 2.穴位准确 3.力度适中 4.动作连贯	是□ 否□ 是□ 否□ 是□ 否□ 是□ 否□	是□ 否□ 是□ 否□ 是□ 否□ 是□ 否□	是□ 否□ 是□ 否□ 是□ 否□ 是□ 否□	
发梳按摩 1.梳头方法正确 2.力度适中 3.动作连贯	是□ 否□ 是□ 否□ 是□ 否□	是□ 否□ 是□ 否□ 是□ 否□	是□ 否□ 是□ 否□ 是□ 否□	
吹发造型 1.操作规范 2.造型美观	是□ 否□ 是□ 否□	是□ 否□ 是□ 否□	是□ 否□ 是□ 否□	
能够准确熟练地使用水氧喷枪完成精华液治疗服务	准确熟练□ 基本完成□ 未完成□	准确熟练□ 基本完成□ 未完成□	准确熟练□ 基本完成□ 未完成□	
能够准确熟练地使用琉光导入梳	准确熟练□ 基本完成□ 未完成□	准确熟练□ 基本完成□ 未完成□	准确熟练□ 基本完成□ 未完成□	
养发产品选择正确	是□ 否□	是□ 否□	是□ 否□	
服务规范 1.使用礼貌专业用语，能够关注顾客感受，及时征求顾客意见 2.个人干净、整洁 3.服务规范、热情、周到 4.工作环境干净整洁	是□ 否□ 是□ 否□ 是□ 否□ 是□ 否□	是□ 否□ 是□ 否□ 是□ 否□ 是□ 否□	是□ 否□ 是□ 否□ 是□ 否□ 是□ 否□	
职业素养 （可多选）	态度认真严谨□ 沟通交流有效□ 善于观察总结□	态度认真严谨□ 沟通交流有效□ 善于观察总结□	态度认真严谨□ 沟通交流有效□ 善于观察总结□	
学生签字		组长签字		教师签字

一、选择题

1. 以下不属于头皮屑的分类的有（　　）。

   A. 油性头皮屑　　　B. 干性头皮屑　　　C. 生理性头皮屑　　D. 季节性头皮屑

2. 洗护产品强碱性会导致（　　）头皮屑。

   A. 油性　　　　　　B. 干性　　　　　　C. 季节性　　　　　D. 传染性

3. 头皮屑产品的选择总原则是（　　）。

   A. 安全无刺激　　　B. 清爽控油　　　　C. 止痒呵护　　　　D. 健康安全

4. 头皮屑的养护可以不用避免（　　）。

   A. 火锅　　　　　　B. 热粥　　　　　　C. 水果　　　　　　D. 油炸食品

5. 护理头皮正确的行为习惯不包括（　　）。

   A. 作息规律　　　　B. 避免烫染　　　　C. 急躁、激动　　　D. 避免刺激

二、判断题

1. 缺乏B族维生素属于干性头皮屑。（　　）

2. 头皮屑的发展趋势为头痒→头皮屑→皮炎→银屑病。（　　）

3. 头皮屑的居家养护应以帮助顾客修复头皮屏障功能为主。（　　）

4. 避免过度清洁，一周洗头2～3次。（　　）

5. 睡眠充足有助于头皮的新陈代谢和自我修复。（　　）

6. 无论何种原因导致的头皮屑，都需要先加强头皮自身的锁水能力，再解决头皮的自觉症状使头皮达到舒适的状态。（　　）

任务四　头皮瘙痒长痘的养护

任务描述

张女士，27岁，是一名美业从业人员。工作原因需定期烫染头发并每天使用造型品，同时因压力大，长期熬夜加班，最近洗头梳头时，有疼痛、瘙痒感，头皮出现痘痘。根据顾客情况进行分析，有针对性地进行头皮瘙痒长痘的治疗护理。

相关知识

头皮痒长痘痘（图5-4）是临床常见现象，可能是由脂溢性皮炎、毛囊炎、疖等导致。如果症状持续无法缓解，建议顾客尽早就医完善相关检查，明确诊断，然后遵医嘱进行针对性治疗，切忌自行盲目用药。

图5-4　头皮长痘

①脂溢性皮炎：是发生于头面、胸背等皮脂溢出较多部位的慢性炎症性皮肤病，主要可能是油脂分泌旺盛，堵塞毛孔所致，会导致局部长痘，还可能在炎症介质的刺激下出现瘙痒情况。皮损初期为毛囊性丘疹，逐渐扩大融合成暗红或黄红色斑，表面覆有油腻鳞屑或痂，会出现渗出、结痂和糜烂，并呈湿疹样表现。

②毛囊炎：主要是由真菌、细菌在毛囊内增生引起，导致单个毛囊感染，发生化脓性炎症，易发于头发、面部、大腿、臀部等，在炎症介质的刺激下，会出现瘙痒，从而表现为头皮痒长痘痘的情况。

③疖：是急性化脓性毛囊和毛囊周围的感染，主要是金黄色葡萄球菌或白色葡萄球菌侵入皮肤而引起的毛囊周围脓肿，炎症可刺激局部出现瘙痒症状，如果发生在头皮部位，就会表现为头皮痒长痘痘的现象。

头皮瘙痒长痘的根本原因是内外因素的影响，使头皮的分泌紊乱，造成pH值失调。头皮是全身肌肤中最薄弱的部位之一，其仅厚于娇嫩的眼部、唇部的肌肤。当日晒、空气污染、梅雨天气、干旱气候以及过度的化妆品伤害到头发时，头皮最先产生反应，头皮痒、干涩、疼痛或油脂分泌过量、头皮屑等问题接踵而来。

一、居家养护

1. 居家养护产品的选择

头皮瘙痒长痘时产品的选择要慎重，总的原则是安全无刺激。选择正确、适合的居家养护产品能够帮助顾客增强头皮的免疫防御能力，逐渐恢复头皮的屏障功能。居家产品选择不当，会导致头皮的瘙痒长痘现象加剧。

（1）清洁产品的选择

头皮瘙痒长痘应选择温和无刺激的氨基酸洗发水，清洁时需力度轻柔，用指腹按摩即可，切记不可过度摩擦头皮并用指甲抓头皮。

（2）其他类产品的选择

头皮屏障功能的恢复需要一定的时间，可通过选择安全无刺激的护肤品，配合行为干预，使头皮恢复至健康状态。

2. 正确行为习惯的建立

不当的行为因素会影响头皮的恢复，甚至加重瘙痒长痘的现象，因此要重视正确行为习惯的建立，主要有以下方面。

① 正确地清洁。清洁时避免水温过高；避免过度清洁，一周洗头2～3次；避免过度摩擦头部，清洁时用指腹，手法需轻柔、缓慢。

② 避免刺激。避免食用辛辣、刺激、油腻的食物；避免吃过热食物，尤其是吃火锅、热粥、热汤等有蒸汽食物。

③ 养成规律作息。睡眠充足有助于头皮的新陈代谢和自我修复，应保证睡眠充足不熬夜。

注意事项

① 饮食适当清淡，避免食用辛辣、刺激、油炸、油腻的食物。

② 不要抠挤刺激痘痘，因为抠挤刺激后可能使痘痘加重，部分可能会遗留疤痕。

二、养发馆养护

1. 头皮瘙痒长痘护理流程

① 健康洗头>② 精华液治疗>③ 琉光导入梳导入护理>④ 头部按摩>⑤ 肩部按摩>⑥ 发梳按摩>⑦ 吹发造型。

2. 养护功效分析

护理效果预期：调节菌群和修复头皮环境，控制瘙痒长痘的情况，并进行功效性改善，同时通过护理增加头皮抵抗力。

护理原理：

① 头皮瘙痒长痘的养发馆调理应避免刺激，以调节菌群和修复头皮环境为主，控制瘙痒长痘的情况，并进行功效性改善，同时通过护理增加头皮抵抗力。

② 洗头时，使用有针对性的洗发产品，清洁头发、头皮的同时滋养修复头皮。

③ 通过精华液治疗服务，调节菌群和修复头皮环境，控制瘙痒长痘的情况。

④ 利用琉光导入梳导入技术，深入头发结构，使头发变得更加有弹性、光泽。

⑤ 利用按摩手法，舒缓减压，调节情绪。

建议护理周期：一周一次。

任务评价

诊断结果				
对症护理方案				
评价项	自评	互评	师评	努力方向、改进措施
能通过手眼检测和仪器检测准确判断出头皮问题	是□ 否□	是□ 否□	是□ 否□	
能针对问题对症给出解决方案	准确全面□ 不准确□ 错误□	准确全面□ 不准确□ 错误□	准确全面□ 不准确□ 错误□	
能够清楚表达平时头皮保养专业建议	是□ 否□	是□ 否□	是□ 否□	

评价项	自评	互评	师评	努力方向、改进措施
准备工具干净、齐全	是□ 否□	是□ 否□	是□ 否□	
头部放松 1. 按摩方法正确 2. 穴位准确 3. 力度适中 4. 动作连贯	是□ 否□ 是□ 否□ 是□ 否□ 是□ 否□	是□ 否□ 是□ 否□ 是□ 否□ 是□ 否□	是□ 否□ 是□ 否□ 是□ 否□ 是□ 否□	
洗发 1. 泡沫丰富 2. 手法正确，指腹接触头皮 3. 步骤正确，线路清晰 4. 两手配合协调 5. 力度均匀、适中 6. 冲水方法正确 7. 没有将泡沫、水溅到顾客脸上，以及流入耳朵里 8. 水温合适	是□ 否□ 是□ 否□ 是□ 否□ 是□ 否□ 是□ 否□ 是□ 否□ 是□ 否□ 是□ 否□	是□ 否□ 是□ 否□ 是□ 否□ 是□ 否□ 是□ 否□ 是□ 否□ 是□ 否□ 是□ 否□	是□ 否□ 是□ 否□ 是□ 否□ 是□ 否□ 是□ 否□ 是□ 否□ 是□ 否□ 是□ 否□	
弹头 1. 按摩方法正确 2. 穴位准确 3. 力度适中 4. 动作连贯	是□ 否□ 是□ 否□ 是□ 否□ 是□ 否□	是□ 否□ 是□ 否□ 是□ 否□ 是□ 否□	是□ 否□ 是□ 否□ 是□ 否□ 是□ 否□	
冲水包头 1. 冲洗干净 2. 水温合适 3. 护发素涂抹均匀 4. 毛巾包头方法正确 5. 松紧适度	是□ 否□ 是□ 否□ 是□ 否□ 是□ 否□ 是□ 否□	是□ 否□ 是□ 否□ 是□ 否□ 是□ 否□ 是□ 否□	是□ 否□ 是□ 否□ 是□ 否□ 是□ 否□ 是□ 否□	
头部按摩 1. 按摩方法正确 2. 穴位准确 3. 力度适中 4. 动作连贯	是□ 否□ 是□ 否□ 是□ 否□ 是□ 否□	是□ 否□ 是□ 否□ 是□ 否□ 是□ 否□	是□ 否□ 是□ 否□ 是□ 否□ 是□ 否□	
头部刮痧 1. 刮痧方法正确 2. 穴位准确	是□ 否□ 是□ 否□	是□ 否□ 是□ 否□	是□ 否□ 是□ 否□	

头皮与头发护理及保养

评价项	自评	互评	师评	努力方向、改进措施
3. 力度适中 4. 动作连贯	是□ 否□ 是□ 否□	是□ 否□ 是□ 否□	是□ 否□ 是□ 否□	
肩部按摩 1. 按摩方法正确 2. 穴位准确 3. 力度适中 4. 动作连贯	是□ 否□ 是□ 否□ 是□ 否□ 是□ 否□	是□ 否□ 是□ 否□ 是□ 否□ 是□ 否□	是□ 否□ 是□ 否□ 是□ 否□ 是□ 否□	
发梳按摩 1. 梳头方法正确 2. 力度适中 3. 动作连贯	是□ 否□ 是□ 否□ 是□ 否□	是□ 否□ 是□ 否□ 是□ 否□	是□ 否□ 是□ 否□ 是□ 否□	
吹发造型 1. 操作规范 2. 造型美观	是□ 否□ 是□ 否□	是□ 否□ 是□ 否□	是□ 否□ 是□ 否□	
能够准确熟练地使用水氧喷枪完成精华液治疗服务	准确熟练□ 基本完成□ 未完成□	准确熟练□ 基本完成□ 未完成□	准确熟练□ 基本完成□ 未完成□	
能够准确熟练地使用琉光导入梳	准确熟练□ 基本完成□ 未完成□	准确熟练□ 基本完成□ 未完成□	准确熟练□ 基本完成□ 未完成□	
养发产品选择正确	是□ 否□	是□ 否□	是□ 否□	
服务规范 1. 使用礼貌专业用语，能够关注顾客感受，及时征求顾客意见 2. 个人干净、整洁 3. 服务规范、热情、周到 4. 工作环境干净整洁	是□ 否□ 是□ 否□ 是□ 否□ 是□ 否□	是□ 否□ 是□ 否□ 是□ 否□ 是□ 否□	是□ 否□ 是□ 否□ 是□ 否□ 是□ 否□	
职业素养 （可多选）	态度认真严谨□ 沟通交流有效□ 善于观察总结□	态度认真严谨□ 沟通交流有效□ 善于观察总结□	态度认真严谨□ 沟通交流有效□ 善于观察总结□	
学生签字		组长签字		教师签字

知识巩固与练习

一、选择题

1. 头皮瘙痒长痘通常由（　　）导致。

   A. 皮炎　　　　　　B. 湿疹　　　　　　C. 疖　　　　　　D. 过敏

2. 毛囊炎不是由（　　）在毛囊内增生引起。

   A. 真菌　　　　　　B. 油脂　　　　　　C. 细菌　　　　　　D. 病毒

3. 头皮瘙痒长痘的养护可以不用避免（　　）。

   A. 火锅　　　　　　B. 热汤　　　　　　C. 鸡蛋　　　　　　D. 热粥

4. 头皮瘙痒长痘的根本原因为（　　）。

   A. 头皮pH值失调　　　　　　B. 精神紧张

   C. 摄入较多油炸物　　　　　　D. 生活不规律

5. 护理头皮正确的行为习惯不包括（　　）。

   A. 作息规律　　　　　　B. 避免烫染

   C. 清洁水温过高　　　　　　D. 避免摄入过多油炸食物

二、判断题

1. 脂溢性皮炎是发生于头面、胸背等皮脂溢出较多部位的慢性炎症性皮肤病。
   （　　）

2. 疖是金黄色葡萄球菌或白色葡萄球菌侵入皮肤而引起的毛囊周围脓肿。
   （　　）

3. 头皮是全身肌肤中最薄弱的部位之一，其仅厚于娇嫩的眼部、唇部的肌肤。
   （　　）

4. 头皮剧烈瘙痒时可以抠挤痘痘止痒。（　　）

5. 头皮瘙痒长痘应选择温和无刺激的氨基酸洗发水，清洁时需力度轻柔。
   （　　）

任务五　头皮过敏泛红的养护

任务描述

王女士，30岁，是一名空乘乘务长。工作原因每天需喷发胶且长时间很紧地盘头发，头皮有明显的拉扯感。同时因压力大，长期熬夜加班，最近洗头梳头时，有紧绷、疼痛、瘙痒感，头皮出现了零星小红点。根据顾客情况进行分析，有针对性地进行头皮过敏泛红的治疗护理。

相关知识

一、头皮过敏泛红的生理特征

头皮过敏泛红（图5-5）是指头皮受到外界各种刺激的影响而产生过敏，头皮上有零星的小红点、季节性的干涩、不定期起的头皮屑、长期出油脱发与头发脆软等症状发生的现象。

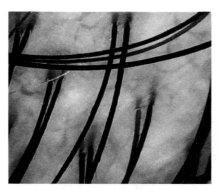

图5-5　头皮过敏泛红

二、头皮过敏泛红的形成原因

头皮过敏泛红的根本原因是内外因素的影响，使头皮的分泌紊乱，造成pH值失调。

1. 内在因素

引起头皮过敏泛红的内在因素主要包括遗传、性别、年龄等。

（1）遗传

遗传因素是很重要的。头皮过敏泛红的遗传受母亲的影响比较大，如果家族中母亲有过敏的现象，就应当多加注意。

（2）性别

化妆品使用的影响以及生理期的因素、男女激素水平的差异、男性角质层略厚于女性，都使女性容易对外界刺激出现过敏泛红症状。

（3）年龄

老年人头皮感觉神经功能减退，神经分布减少，所以相对而言，年轻人更容易出现头皮过敏泛红现象。

2. 外在因素（行为因素）

大部分头皮过敏泛红是外在因素造成的，这些情况多数可以通过正确的养护方法治疗康复，应尽早进行养护。这些外在因素包括不正确的清洁、不正确的养护、不良的生活习惯、不良的情绪因素、不良的环境因素等。

（1）不正确的清洁

频繁洗头会令头皮的酸碱值破坏，打破水油平衡，会导致头皮经常出油。或者顾客长期清洁力度过大，也易造成头皮屏障的损伤，诱发头皮过敏泛红。

（2）不正确的养护

使用某些功效型产品会对头皮产生一定的刺激，例如染发膏，频繁使用会使顾客头皮对外界刺激的耐受性变差，不利于头皮屏障功能的恢复；产品的不正确使用也会使头皮过敏泛红现象更加严重。

（3）不良的生活习惯

洗头水温过高、蒸桑拿、喜食油腻或刺激性食物等习惯，都会加重头皮过敏泛红现象。

（4）不良的情绪因素

头皮过敏泛红的发生和发展常常会伴随不良情绪因素。不良情绪会使头皮过敏泛红伴有痒、紧绷、刺痛等自觉症状，顾客出现紧张、焦虑甚至抑郁，使得头皮过敏泛红症状不易恢复。

（5）不良的环境因素

夏日强烈的紫外线也是造成头皮过敏泛红的重要原因。紫外线会破坏头皮的真皮层，头皮会出现缺水、紧绷的情况。此外，季节变化也会影响头皮状态，温度的迅速变化，如冬天气温低，皮脂腺分泌功能减弱，空气湿度较低，角质层含水量降低，头皮易过敏泛红；春季花粉较多、夏季气温偏高也易引起头皮过敏泛红。

一、居家养护

头皮过敏泛红的居家养护是指在日常头发头皮养护中，规避对过敏头皮产生不良影响的系列因素，并指导顾客选择与使用适合的产品，让其逐渐养成正确的头皮、头发养护习惯，从而使顾客头皮保持稳定，使其头皮恢复健康功能的过程。

头皮过敏泛红的居家养护应以帮助其修复头皮屏障功能为主，并通过与顾客的专业沟通使其了解影响头皮恢复健康的重要因素，保持情绪稳定，做好行为干预，这样才能使头皮恢复健康。

1. 居家养护产品的选择

头皮过敏泛红时产品的选择要慎重，总的原则是安全无刺激。选择正确、适合的居家养护产品能够帮助顾客增强头皮的免疫防御能力，逐渐恢复头皮的屏障功能。居家产品选择不当，会导致头皮的过敏现象加剧。

（1）清洁产品的选择

头皮过敏泛红时多伴有头皮干燥、屏障功能受损，应选择温和无刺激的氨基酸洗发水，清洁时需力度轻柔，用指腹按摩即可，切记不可过度摩擦头皮。

（2）其他类产品的选择

头皮屏障功能的恢复需要一定的时间，可通过选择安全无刺激的护肤品，配合行为干预，使头皮恢复至健康状态。

知识拓展

常见头皮护理药物功效性成分

① 尿囊素：具有杀菌、防腐、止痛、抗氧化作用，能使头皮保持水分、滋润和柔软，是美容美发等化妆品的特效添加剂。

② 红没药醇：从洋甘菊中提取的天然活性成分。有降低头皮炎症、提高头皮的抗刺激能力、修复有炎症受伤的头皮的作用。

③ 马齿苋提取物：具有抗过敏、抗炎消炎和抗外界对头皮的各种刺激作用，还具有抗头皮屑功能。

④ 芍药苷：具有多种生物活性，其抗炎作用可用于治疗头皮过敏泛红。

⑤ 羟基酪醇：具有抗炎、抗病原微生物的作用。

⑥ 茶多酚：是水溶性物质，具有收敛、消毒灭菌、抑制炎症因子的作用。

⑦ 丹皮酚：是从牡丹的干燥根皮中提取出来的。具有去屑、止痒、调理头发、保湿、柔软、促进头发生长的作用。

2. 正确行为习惯的建立

不当的行为因素会影响头皮的恢复，甚至加重过敏现象，因此要重视正确行为习惯的建立，主要有以下方面。

① 正确地清洁。清洁时避免水温过高；避免过度清洁，一周洗头2～3次；避免过度摩擦头部，清洁时用指腹，手法需轻柔、缓慢。

② 避免刺激。避免食用辛辣、刺激食物；避免吃过热食物，尤其是吃火锅、热粥、热汤等有蒸汽食物；避免吃油腻的食物。

③ 养成规律作息。睡眠充足有助于头皮的新陈代谢和自我修复，应保证睡眠充足不熬夜。

④ 保持良好情绪。应避免出现急躁、激动等不良情绪。

注意事项

① 头皮过敏泛红的调理受个人行为习惯的影响较大，应先找到诱发因素再确定是否调整方案。

② 须提醒顾客及时反馈与总结，及时发现顾客的不当行为因素，规避养发误区，变被动为主动，将正确养发理念真正融入日常生活中，以防止头皮问题反复发生，使头皮恢复健康。

二、养发馆养护

1. 头皮过敏泛红护理流程

① 健康洗头>② SPA热蒸>③ 精华液治疗>④ 琉光导入梳导入护理>⑤ 头部按摩>⑥ 肩部按摩>⑦ 发梳按摩>⑧ 吹发造型。

2. 养护功效分析

护理效果预期：安抚、镇定头皮，控制头皮的过敏泛红症状，修复受损头皮，通过护理增加头皮抵抗力，解决头皮的自觉症状使头皮达到舒适的状态，再加强头皮自身的锁水能力，修复头皮的防御屏障，使头皮达到稳定健康的状态。

护理原理：

① 洗头时，使用有针对性的洗发产品，清洁头发、头皮的同时滋养舒缓头皮。

② 通过SPA热蒸（图5-6）达到给头皮补水、舒缓放松的目的。

③ 通过精华液治疗服务，进一步安抚、镇定头皮，控制头皮的过敏症状，修复受损头皮。

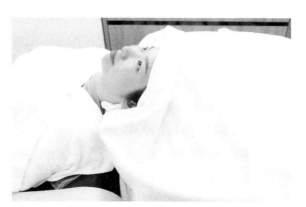

图5-6　SPA热蒸

④ 利用琉光导入梳导入技术，深入头发结构，使头发变得更加有弹性、光泽。

⑤ 利用按摩手法，舒缓减压，调节情绪。

建议护理周期：一周一次。

任务评价

诊断结果				
对症护理方案				
评价项	自评	互评	师评	努力方向、改进措施
能通过手眼检测和仪器检测准确判断出头皮问题	是□ 否□	是□ 否□	是□ 否□	
能针对问题对症给出解决方案	准确全面□ 不准确□ 错误□	准确全面□ 不准确□ 错误□	准确全面□ 不准确□ 错误□	
能够清楚表达平时头皮保养专业建议	是□ 否□	是□ 否□	是□ 否□	
准备工具干净、齐全	是□ 否□	是□ 否□	是□ 否□	

评价项	自评	互评	师评	努力方向、改进措施
头部放松 1. 按摩方法正确 2. 穴位准确 3. 力度适中 4. 动作连贯	是□ 否□ 是□ 否□ 是□ 否□ 是□ 否□	是□ 否□ 是□ 否□ 是□ 否□ 是□ 否□	是□ 否□ 是□ 否□ 是□ 否□ 是□ 否□	
洗发 1. 泡沫丰富 2. 手法正确，指腹接触头皮 3. 步骤正确，线路清晰 4. 两手配合协调 5. 力度均匀、适中 6. 冲水方法正确 7. 没有将泡沫、水溅到顾客脸上，以及流入耳朵里 8. 水温合适	是□ 否□ 是□ 否□ 是□ 否□ 是□ 否□ 是□ 否□ 是□ 否□ 是□ 否□ 是□ 否□	是□ 否□ 是□ 否□ 是□ 否□ 是□ 否□ 是□ 否□ 是□ 否□ 是□ 否□ 是□ 否□	是□ 否□ 是□ 否□ 是□ 否□ 是□ 否□ 是□ 否□ 是□ 否□ 是□ 否□ 是□ 否□	
弹头 1. 按摩方法正确 2. 穴位准确 3. 力度适中 4. 动作连贯	是□ 否□ 是□ 否□ 是□ 否□ 是□ 否□	是□ 否□ 是□ 否□ 是□ 否□ 是□ 否□	是□ 否□ 是□ 否□ 是□ 否□ 是□ 否□	
冲水包头 1. 冲洗干净 2. 水温合适 3. 护发素涂抹均匀 4. 毛巾包头方法正确 5. 松紧适度	是□ 否□ 是□ 否□ 是□ 否□ 是□ 否□ 是□ 否□	是□ 否□ 是□ 否□ 是□ 否□ 是□ 否□ 是□ 否□	是□ 否□ 是□ 否□ 是□ 否□ 是□ 否□ 是□ 否□	
头部按摩 1. 按摩方法正确 2. 穴位准确 3. 力度适中 4. 动作连贯	是□ 否□ 是□ 否□ 是□ 否□ 是□ 否□	是□ 否□ 是□ 否□ 是□ 否□ 是□ 否□	是□ 否□ 是□ 否□ 是□ 否□ 是□ 否□	
头部刮痧 1. 刮痧方法正确 2. 穴位准确 3. 力度适中 4. 动作连贯	是□ 否□ 是□ 否□ 是□ 否□ 是□ 否□	是□ 否□ 是□ 否□ 是□ 否□ 是□ 否□	是□ 否□ 是□ 否□ 是□ 否□ 是□ 否□	

头皮与头发护理及保养

评价项	自评	互评	师评	努力方向、改进措施
肩部按摩 1. 按摩方法正确 2. 穴位准确 3. 力度适中 4. 动作连贯	是□ 否□ 是□ 否□ 是□ 否□ 是□ 否□	是□ 否□ 是□ 否□ 是□ 否□ 是□ 否□	是□ 否□ 是□ 否□ 是□ 否□ 是□ 否□	
发梳按摩 1. 梳头方法正确 2. 力度适中 3. 动作连贯	是□ 否□ 是□ 否□ 是□ 否□	是□ 否□ 是□ 否□ 是□ 否□	是□ 否□ 是□ 否□ 是□ 否□	
吹发造型 1. 操作规范 2. 造型美观	是□ 否□ 是□ 否□	是□ 否□ 是□ 否□	是□ 否□ 是□ 否□	
能够准确熟练地使用养发热蒸仪完成SPA热蒸服务	准确熟练□ 基本完成□ 未完成□	准确熟练□ 基本完成□ 未完成□	准确熟练□ 基本完成□ 未完成□	
能够准确熟练地使用水氧喷枪完成精华液治疗服务	准确熟练□ 基本完成□ 未完成□	准确熟练□ 基本完成□ 未完成□	准确熟练□ 基本完成□ 未完成□	
能够准确熟练地使用琉光导入梳	准确熟练□ 基本完成□ 未完成□	准确熟练□ 基本完成□ 未完成□	准确熟练□ 基本完成□ 未完成□	
养发产品选择正确	是□ 否□	是□ 否□	是□ 否□	
服务规范 1. 使用礼貌专业用语，能够关注顾客感受，及时征求顾客意见 2. 个人干净、整洁 3. 服务规范、热情、周到 4. 工作环境干净整洁	是□ 否□ 是□ 否□ 是□ 否□ 是□ 否□	是□ 否□ 是□ 否□ 是□ 否□ 是□ 否□	是□ 否□ 是□ 否□ 是□ 否□ 是□ 否□	
职业素养 （可多选）	态度认真严谨□ 沟通交流有效□ 善于观察总结□	态度认真严谨□ 沟通交流有效□ 善于观察总结□	态度认真严谨□ 沟通交流有效□ 善于观察总结□	
学生签字		组长签字		教师签字

一、选择题

1. 头皮过敏泛红的遗传受（   ）的影响比较大。

   A. 母亲　　　　　B. 父亲　　　　　C. 都没关系　　　　D. 父母双方

2. 头皮过敏泛红的内在因素不包括（   ）。

   A. 性别　　　　　B. 激素　　　　　C. 年龄　　　　　D. 生活环境

3. 头皮过敏泛红的外在因素不包括（   ）。

   A. 环境因素　　　B. 情绪因素　　　C. 生理因素　　　D. 气候因素

4. 常见头皮护理药物中（   ）具有杀菌、防腐、止痛、抗氧化作用。

   A. 红没药醇　　　B. 马齿苋提取物　C. 尿囊素　　　　D. 氨基酸

5. 常见头皮护理药物中（   ）是水溶性物质，具有收敛、消毒灭菌、抑制炎症因子的作用。

   A. 芍药苷　　　　B. 茶多酚　　　　C. 丹皮酚　　　　D. 氯酸钾

二、判断题

1. 相对而言，老年人更容易出现头皮过敏泛红现象。（   ）

2. 紫外线会破坏头皮的真皮层，头皮会出现缺水、紧绷的情况。（   ）

3. 红没药醇是从牡丹的干燥根皮中提取出来的。（   ）

4. 洗头水温过高、蒸桑拿、喜食油腻食物都易诱发头皮过敏泛红。（   ）

5. 轻度头皮过敏泛红患者在环境气候发生变化时，头皮容易出现干燥、红、热、瘙痒等症状。（   ）

6. 马齿苋提取物具有抗头皮屑功能。（   ）

任务六　头皮早衰的养护

任务描述

王女士，25岁，由于经常烫染头发，头皮出现了早衰的现象：有干纹，毛孔萎缩，头发生长变慢并掉发。根据顾客情况进行分析，有针对性地进行头皮早衰的治疗护理。

相关知识

一、头皮早衰的生理特征

头皮是人体最薄的皮肤之一，仅次于眼周肌肤。头皮老化的速度远快于脸部皮肤和身体肌肤。头皮老化、松弛会直接影响头发的质量，且头皮与面部肌肤紧密相连，头皮一松，脸部线条就会变得松垮。头皮问题是面部衰老的关键所在，所以抗衰要从"头"做起（图5-7）。

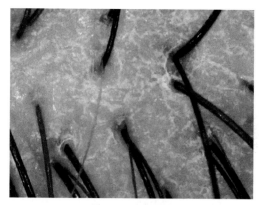

图5-7　头皮早衰

头皮早衰的具体表现有：

①头皮屏障功能受损，干燥脱屑，油脂分泌过多；

②头皮变薄、松弛；

③头皮瘙痒、有炎症；

④毛发变灰白；

⑤毛发变细，发质变差；

⑥毛发稀疏、脱发、秃发。

另外，头皮早衰还可能导致眼睑下垂、脸颊松弛、法令纹加深、口角下垂等面部衰老症状。

二、头皮早衰的形成原因

头皮早衰受到内部自然衰老进程和外部环境损伤累积等多因素的协同作用。

内部因素主要是年龄增加导致的基因表达改变、抗氧化能力下降、炎症因子累积、头皮微循环减弱及毛囊干细胞活力下降等。

外部因素主要是紫外线照射、炎症刺激、环境污染、吸烟及油烟等长期累积而导致的基因调控紊乱、氧化应激、炎症刺激、头皮微生态异常和毛囊损伤等。

任务实施

一、居家养护

① 定期清洗头皮。定期清洗头皮可以去除头皮积累的油脂和污垢，保持头皮的清洁。

② 保持良好的作息规律。睡眠充足有助于头皮的新陈代谢和自我修复，应保证睡眠充足不熬夜。

③ 保持健康的饮食习惯。多吃富含B族维生素和抗氧化的食物，如蔬菜、水果、奶类、豆类、坚果类、全谷物等，均可补充B族维生素的营养，帮助抵抗自由基的伤害。

④ 使用营养护发产品。使用营养护发产品可以滋养头皮，补充头皮所需的营养，促进头发的生长。

⑤ 保持良好情绪。应避免长期压力过大、抑郁等不良情绪。

二、养发馆养护

1. 头皮早衰护理流程

① 健康洗头>② 精华液治疗>③ 琉光导入梳导入护理>④ 头部按摩>⑤ 头部刮痧>⑥ 肩部按摩>⑦ 发梳按摩>⑧ 吹发造型。

2. 养护功效分析

护理效果预期：使头皮清洁，抑制头皮衰老，激活毛囊的再生力，预防脱发。

护理原理：

① 头皮早衰的养发馆调理一是要让它保持健康的状态，二是让不正常的头皮回归正常，使头皮不过于干燥、出油，达到头皮的油脂平衡状态。头皮衰老，很大程度上会引发脱发。适当的防脱修复产品，可以帮助毛囊激发动力。

② 洗头时，使用有针对性的洗发产品，清洁头发、头皮的同时滋养修复头皮。

③ 通过精华液治疗服务，抑制头皮衰老，激活毛囊的再生力，维护头皮环境。

④ 利用琉光导入梳导入技术，深入头发结构，使头发变得更加有弹性。

⑤ 利用按摩手法，舒缓减压，调节情绪。

建议护理周期：一周一次。

任务评价

诊断结果				
对症护理方案				
评价项	自评	互评	师评	努力方向、改进措施
能通过手眼检测和仪器检测准确判断出头皮问题	是□ 否□	是□ 否□	是□ 否□	
能针对问题对症给出解决方案	准确全面□ 不准确□ 错误□	准确全面□ 不准确□ 错误□	准确全面□ 不准确□ 错误□	
能够清楚表达平时头皮保养专业建议	是□ 否□	是□ 否□	是□ 否□	
准备工具干净、齐全	是□ 否□	是□ 否□	是□ 否□	
头部放松 1.按摩方法正确 2.穴位准确 3.力度适中 4.动作连贯	是□ 否□ 是□ 否□ 是□ 否□ 是□ 否□	是□ 否□ 是□ 否□ 是□ 否□ 是□ 否□	是□ 否□ 是□ 否□ 是□ 否□ 是□ 否□	
洗发 1.泡沫丰富 2.手法正确，指腹接触头皮	是□ 否□ 是□ 否□	是□ 否□ 是□ 否□	是□ 否□ 是□ 否□	

评价项	自评	互评	师评	努力方向、改进措施
3. 步骤正确，线路清晰	是□ 否□	是□ 否□	是□ 否□	
4. 两手配合协调	是□ 否□	是□ 否□	是□ 否□	
5. 力度均匀、适中	是□ 否□	是□ 否□	是□ 否□	
6. 冲水方法正确	是□ 否□	是□ 否□	是□ 否□	
7. 没有将泡沫、水溅到顾客脸上，以及流入耳朵里	是□ 否□	是□ 否□	是□ 否□	
8. 水温合适	是□ 否□	是□ 否□	是□ 否□	
弹头 1. 按摩方法正确	是□ 否□	是□ 否□	是□ 否□	
2. 穴位准确	是□ 否□	是□ 否□	是□ 否□	
3. 力度适中	是□ 否□	是□ 否□	是□ 否□	
4. 动作连贯	是□ 否□	是□ 否□	是□ 否□	
冲水包头 1. 冲洗干净	是□ 否□	是□ 否□	是□ 否□	
2. 水温合适	是□ 否□	是□ 否□	是□ 否□	
3. 护发素涂抹均匀	是□ 否□	是□ 否□	是□ 否□	
4. 毛巾包头方法正确	是□ 否□	是□ 否□	是□ 否□	
5. 松紧适度	是□ 否□	是□ 否□	是□ 否□	
头部按摩 1. 按摩方法正确	是□ 否□	是□ 否□	是□ 否□	
2. 穴位准确	是□ 否□	是□ 否□	是□ 否□	
3. 力度适中	是□ 否□	是□ 否□	是□ 否□	
4. 动作连贯	是□ 否□	是□ 否□	是□ 否□	
头部刮痧 1. 刮痧方法正确	是□ 否□	是□ 否□	是□ 否□	
2. 穴位准确	是□ 否□	是□ 否□	是□ 否□	
3. 力度适中	是□ 否□	是□ 否□	是□ 否□	
4. 动作连贯	是□ 否□	是□ 否□	是□ 否□	
肩部按摩 1. 按摩方法正确	是□ 否□	是□ 否□	是□ 否□	
2. 穴位准确	是□ 否□	是□ 否□	是□ 否□	
3. 力度适中	是□ 否□	是□ 否□	是□ 否□	
4. 动作连贯	是□ 否□	是□ 否□	是□ 否□	
发梳按摩 1. 梳头方法正确	是□ 否□	是□ 否□	是□ 否□	
2. 力度适中	是□ 否□	是□ 否□	是□ 否□	
3. 动作连贯	是□ 否□	是□ 否□	是□ 否□	

头皮与头发护理及保养

评价项	自评	互评	师评	努力方向、改进措施
吹发造型 1. 操作规范 2. 造型美观	是□ 否□ 是□ 否□	是□ 否□ 是□ 否□	是□ 否□ 是□ 否□	
能够准确熟练地使用水氧喷枪完成精华液治疗服务	准确熟练□ 基本完成□ 未完成□	准确熟练□ 基本完成□ 未完成□	准确熟练□ 基本完成□ 未完成□	
能够准确熟练地使用琉光导入梳	准确熟练□ 基本完成□ 未完成□	准确熟练□ 基本完成□ 未完成□	准确熟练□ 基本完成□ 未完成□	
养发产品选择正确	是□ 否□	是□ 否□	是□ 否□	
服务规范 1. 使用礼貌专业用语，能够关注顾客感受，及时征求顾客意见 2. 个人干净、整洁 3. 服务规范、热情、周到 4. 工作环境干净整洁	是□ 否□ 是□ 否□ 是□ 否□ 是□ 否□	是□ 否□ 是□ 否□ 是□ 否□ 是□ 否□	是□ 否□ 是□ 否□ 是□ 否□ 是□ 否□	
职业素养 （可多选）	态度认真严谨□ 沟通交流有效□ 善于观察总结□	态度认真严谨□ 沟通交流有效□ 善于观察总结□	态度认真严谨□ 沟通交流有效□ 善于观察总结□	
学生签字		组长签字		教师签字

知识巩固与练习

一、选择题

1. 头皮早衰的表现不包括（　　）。

▶ 模块五·
习题答案 ◀

    A. 头皮变薄、松弛

    B. 头皮瘙痒、有炎症

    C. 毛发变粗

    D. 毛发变细

2. 头皮微循环减弱属于导致头皮早衰的（　　）因素。

    A. 内部　　　　　　B. 外部　　　　　　C. 都不是　　　　　　D. 都有

二、判断题

1. 头皮是全身老化最快的部位。（　　）

2. 头皮早衰还可能导致眼睑下垂、脸颊松弛、法令纹加深、口角下垂等面部衰老症状。（　　）

3. 头皮微生态异常属于头皮早衰的内部因素。（　　）

4. 头皮早衰居家养护产品选择应该多以增强头皮清洁和抵抗力为主。（　　）

5. 头皮衰老受到内部自然衰老进程和外部环境损伤累积等多因素的协同作用。（　　）

参考文献

[1] 周京红．洗护发技术[M]．北京：高等教育出版社，2021．

[2] 张玲，张大奎．洗发、头发护理、染发[M]．北京：高等教育出版社，2016．

[3] 李兴东．脱发·护发·植发[M]．南京：东南大学出版社，2019．

[4] 杜彩霞，高莉莉．洗护发技术[M]．成都：电子科技大学出版社，2020．

[5] 池光鸿，陈芊芊，吕文妮，等．瑶族养发护发方药和技法的挖掘与整理——以广西桂林龙胜红瑶为例[J]．壮瑶药研究，2022（1）：194-197+245．

[6] 胡艺．近年国内外护肤养发植物药开发与研制简述[J]．中国中医药信息杂志，1996，3（3）：8-9+33．